LA QUANTIQUE DES CANTIQUES

« Interfaces et transdisciplinarités »

Collection fondée par Patrick Paul
et dirigée par Florent Pasquier

La collection « Interfaces et transdisciplinarités » témoigne depuis 2005, sans école ni parti pris, d'approches à la fois intégratives, transversales, sensibles et respectueuses pour comprendre la diversité de notre monde. Elle publie des textes aussi bien ancrés en éducation qu'en santé ou d'autres domaines pour présenter la richesse de démarches qui créent des ponts entre science, tradition, art, société et spiritualité. Elle actualise et dépasse les méthodologies scientifiques classiques jugées trop réductionnistes pour agir dans une contemporanéité toujours plus complexe. Elle convoque et offre ainsi aux lecteurs la subtilité des relations intervenant entre objet, sujet, être et devenir.

Dernières parutions

Alain Michaud, *Le principe de mâle-honnêteté ou le mensonge de l'homme sur sa mort*, 2024.
Patrick Paul, *La transdisciplinarité dans l'évolution de la pensée. Entre, à travers et au-delà des connaissances scientifiques ?* 2024.
Gustavo de Castro, Javier Collado, Florence Dravet et Florent Pasquier (coords.), *Transdisciplinarité et éducation du futur*, 2023.
Jean-Luc Martin-Lagardette, *Voir la conscience. Une philosophie radicale pour une science de la liberté*, 2023.
Michèle Duzert, *Le Foyer. Le moment présent comme foyer de sens*, 2023.
Jacques Sérizel, *La formation en trois temps et trois mouvements. L'accompagnement Médiactif en action*, 2017.
Michèle Duzert, *Vivre ensemble son autonomie*, 2016.
Bernard Carmona, *Ingenium transdisciplinaire. La pratique du débat dans le bouddhisme tibétain*, 2013.
Isabelle Hannequart, *Jeux et enjeu de la planétisation. Patrimoine, culture, monde*, 2011.
Christian Gérard, *Pour une œuvre de complexité en éducation. La Méthode à l'œuvre*, 2010.
Noël Denoyel, Sébastien Pesce, Catherine Guillaumin, *Pratiques réflexives en formation. Ingéniosité et ingénieries émergentes*, 2009.

Florent Pasquier

LA QUANTIQUE DES CANTIQUES

Transdisciplinarité, transpersonnel, transtechnologie, des sciences nouvelles qui redécouvrent le spirituel

Préface de Renaud Hétier
Postface de Jean-Yves Leloup

Suivi d'un entretien avec Basarab Nicolescu

L'Harmattan

Du même auteur

Hélène Hagège., Renaud Hétier, Florent Pasquier et Jean Vannereau. (coords.) (2025). *Instituer une éducation laïque à la spiritualité ? Des conditions aux modalités.* Paris : Éditions De Bonne Heure. ISBN 978-2-36627

Florent Pasquier : *Un enseignant-chercheur en quête de sens et de liberté. Auto-regards sur son métier au mitan de la carrière et de la vie.* 2023. Collection Histoire de vie & formation. Paris : L'Harmattan. 132 p. ISBN : 978-2-14-034868-6

Gustavo de Castro, Javier Collado, Florence Dravet et Florent Pasquier (coords.) : *Transdisciplinarité et éducation du futur.* 2023. Paris : L'Harmattan. 262 p. ISBN 978-2-14-028974-3

Simona Modreanu, et Pasquier, F. (coords.) : *Basarab Nicolescu. L'Homme cosmoderne. The Cosmodern Human. Omul cosmodern.* 687 pages. 2022. Iasi (Roumanie) : Éditions Junimea. ISBN 78-973-37-2525-1

Florent Pasquier (coord.), Antoine Valabrègue, José Dhers, Germain Buffeteau : *Réinvestir l'Humain. Ateliers de transformation : individus, collectifs, sociétés.* 2017. Lyon : Éditions Chronique Sociale. 128 p. ISBN 978-2-36717-230-9

Florent Pasquier : *La vidéo numérique : techniques, enjeux, usages pédagogiques.* 2000. Collection Communication et Civilisation. Paris : L'Harmattan. 234 p. ISBN 2858022348

5-7, rue de l'École Polytechnique, 75005 Paris
http://www.editions-harmattan.fr
ISBN : 978-2-336-52491-7
EAN : 9782336524917

Sommaire

Remerciements

Cet ouvrage résulte d'un long cheminement portant sur les questions existentielles de la vie humaine. Il est fait de rencontres, d'investigations, de désirs et de doutes, de maturations.

Je remercie toutes les personnes qui ont nourri mes réflexions et celles qui m'ont donné les bases épistémologiques m'ayant permis de transporter mes aspirations à la transcendance depuis ma sphère personnelle vers mes réseaux de recherche associatifs, scientifiques et académiques, tout spécialement Basarab Nicolescu pour la méthodologie transdisciplinaire, Marc-Alain Descamps pour la psychologie transpersonnelle et René Barbier pour les dimensions transversales et multiréférentielles.

Je leur dédie cet ouvrage.

Je remercie aussi mes filles jumelles Émie et Élina pour la joie qu'elles apportent autour d'elles ; mon épouse Anne, mes parents, ma sœur Olivia, mes amis Olivier Biard, Suzanne Blouin, Hubert Landier, Roswhita Lanquetin, Vitor Rodrigues et Édouard Stacke pour leurs relectures attentives et leurs suggestions ; mon cher parrain Guy Hecker pour son poème et ses proches.

Mon parcours, jusqu'ici, est le fruit de mes relations avec mes familles professionnelles et affectives. C'est à travers ces expériences partagées et ces constructions communes que nos identités se développent, tout en prenant conscience d'un ensemble plus vaste, au-delà de nos identifications et de nos conditionnements.

Illustration de couverture, *Les degrés de la connaissance*
Collage et peinture sur toile, 1995.

Maquette originale d'un carton de tapisserie des artistes
Noël et Clotilde Pasquier.

www.pasquier.pro

Préface

Ce livre relève manifestement d'une grande ambition intellectuelle et d'une incontestable originalité. Il s'agit de dépasser les cadres académiques et épistémologiques institués pour penser la complexité du réel et réaliser ainsi le grand écart (on pourrait penser à Bachelard explorant d'un côté l'imaginaire et d'un autre côté tournant le dos aux images pour construire une rationalité) qu'offre cette synthèse (que Bachelard n'a pas faite, sans doute parce que précisément il pensait la rationalité contre l'imaginaire).

Outre l'intérêt intellectuel de cet ouvrage bien présenté et lisible, avec une écriture toujours de qualité, on ne peut manquer de noter la grande honnêteté intellectuelle de Florent Pasquier, comme dans ses témoignages existentiels : des encadrés réguliers le font attester d'un parcours culturel et personnel, engagé dans différentes institutions et permettent de prendre la mesure de la grande richesse et originalité de ses démarches. Cet innovateur marque son souci d'être ouvert à d'autres langues, à des auteurs étrangers, traversant les frontières géographiques et culturelles comme il traverse les frontières linguistiques et disciplinaires.

Le fort enracinement existentiel et spirituel de cet écrit, cet ancrage biographique, la grande diversité d'expériences faites et d'engagements pris n'empêchent pas une mise à distance, pour se maintenir dans le souci d'un cadre de pensée rationnelle, qui ne perd pas pour autant la richesse de certaines intuitions.

Le lecteur est confronté à cette proposition de penser au-delà des cadres habituels, avec pour objectif de synthétiser différentes dimensions de l'être, et d'inclure les humanités numériques (qui permettent de faire le lien entre le transdisciplinaire et le transpersonnel d'une part, et le devenir numérique de l'humain d'autre part).

Dans un autre de ses écrits, l'auteur indique vouloir notamment laisser jaillir l'expérience de l'Être de l'individu (son Soi) dans un agir interactant avec les manifestations de transréalité qu'il développe ici. On retrouve là l'ambition, déjà relevée, de construire un cadre théorique complètement original et justifié par sa force holistique.

La façon d'articuler transdisciplinarité, transpersonnel et transtechnologie, au-delà de la métaphore des branches formant une canopée, nous questionne sur la nature de cet espace surplombant ou englobant, sur ses délimitations, nous rapprochant de l'œuvre d'Edgar Morin (la Méthode, notamment) pour penser cette holistique. Nous retrouvons en filigrane la notion d'anthropocène - le moment historique où l'action humaine impacte définitivement les cycles naturels de la planète -, qui se présente lui aussi comme un fait « total ». La compréhension d'un tel fait total nécessite la mobilisation de toutes les disciplines, suppose le dépassement des objectifs restrictifs, interroge le destin de l'aventure humaine au-delà des trajectoires et des histoires individuelles, la pertinence du temps de l'éducation, et questionne enfin le statut que nous voulons donner à la virtualisation technologique (dans le prométhéisme, dans la fuite – dans des univers bis –, etc.).

Ainsi, la convocation de la technologie (à la fois « artificielle » et « en lien avec la nature humaine ») permet d'approfondir la réflexion d'ensemble en développant le concept innovant de technontologie (formé de *technologie* plus *ontologie*), sans pour autant « fixer » l'être, car le processus de virtualisation (qui est plus que la mise à disposition d'artefacts, sans pour autant tendre fatalement au transhumanisme) participe lui-même d'une transformation historique de l'être (il n'y a jamais eu d'humanité sans technologie).

En identifiant les ressources spécifiques des courants « trans » et de l'ontologie par rapport à leurs évolutions historiques, ce souci de rendre compte de la complexité de l'humain permet de réfléchir aux moyens de connaître celui-ci.

Se profile ainsi une clinique du sujet qui tient compte des risques de réification, d'aliénation, de (sur)rationalisation, d'amputation d'une part du sujet, mais qui ouvre aussi aux possibilités d'une transcendance et/ou d'une immanence.

In fine, on ne peut que redire l'intérêt de ce bouillonnement intellectuel, courageux dans son ambition, son originalité et sa créativité. Le pari de convertir de nombreuses intuitions et expériences qui auraient pu rester ésotériques en concepts, en une théorisation étayée, n'était pas évident, et l'auteur parvient à la fois à être très personnel et engagé dans ce travail de rationalisation.

Renaud Hétier

Professeur à l'université Catholique de l'Ouest (UCO)
Auteur, conférencier

Introduction

> Notre disparition violente et définitive aurait de la gueule (…). Que faire ? Par où commencer (…) ? Pour le scientifique, le mot "optimisme" n'a aucun sens : seuls existent l'observation et l'hypothèse. Seuls comptent les causes et les effets, les prémisses et les conclusions. Mais la biologie, l'écologie, l'histoire, l'économie, la sociologie, la psychologie sont loin de n'être que des sciences. L'humanité les repeint aux couleurs de l'espoir, du projet, de la morale et de la religion. Y trouverons-nous des ressources nouvelles (…) ? Parviendrons-nous à nous réveiller ? Je veux dire : pas dans mille ans, mais aujourd'hui même (…) ? Nous sommes seuls dans l'univers. La matière et l'énergie jouent leur musique, nous y ajoutons notre partition, mais si nous faisons des fausses notes, nous serons expulsés de l'orchestre (…). Cela s'appelle le principe de réalité. Ou le début de la sagesse.
>
> Yves Paccalet, *Sortie de secours*, 2008.

L'archéologie montre que, dès le début de l'humanité, les hommes ont cherché ce qui pouvait donner sens à leur vie… et à leur mort. Leurs expressions d'une conscience de « ce qui les dépasse » revêt autant de rites et de formes qu'existent de communautés et de cultures. Nombre de croyants ont ainsi composé des cantiques pour rendre gloire à ce qui les transcendait. Les sciences contemporaines, pour expliquer cet « au-delà », disposent désormais de connaissances renouvelées à l'aune de la révolution quantique. Comme l'explique le Dictionnaire de l'académie française : « la physique quantique, née au XXe siècle, notamment sous l'impulsion de Max Planck, Niels Bohr et Louis de Broglie, s'est développée parallèlement à la relativité générale d'Einstein, qui concerne l'infiniment grand. »

Dans cet ouvrage, nous présentons trois de ces sciences reliées à l'influence quantique pour que l'Humain qui les construit et les manipule puisse désormais, s'il le souhaite, chanter en toute conscience ses propres cantiques : la transdisciplinarité, le transpersonnel et la transtechnologie. Trois « T » majuscules, trois sciences, pour comprendre notre être-au-monde selon la belle expression du philosophe Martin Heidegger[1], dans une perspective holistique. Pour nous mettre en phase avec la dimension du spirituel. Pour chercher à laisser advenir le meilleur de nous-même dans nos petits instants « t » grâce à ces clés de compréhension.

a. Mais d'abord, pourquoi et comment entreprendre une recherche sur le spirituel ?

Dans la recherche de résolution de tout problème, le mieux n'est-il pas de remonter à sa racine afin de l'étudier et de jauger des voies permettant d'y remédier ? Si nous souhaitons réellement aller au bout de notre quête de ce qu'est le spirituel, quelle science principielle mobiliser ? Thierry Arnaud nous explique que pour le philosophe allemand Wolff (1679-1754), l'ontologie - l'étude de l'être - est la « science première » ou encore la « science fondamentale »[2]. Débutons donc notre quête par une exploration de cette dimension ontologique.

Moment de vie[3] #1, 1938-2015 : « Boum ! » Pourquoi ? Pour quoi ?

> « La pendule fait tic-tac tic-tac, (…) Et la jolie cloche ding ding dong, mais... Boum !
> Quand notre cœur fait boum, tout avec lui dit boum, (…). Au rythme de ce boum, Qui redit boum à l'oreille.

---

[1] Martin Heidegger, et al. *Être et temps*. Paris : Gallimard, 1995.

[2] Thierry Arnaud. « Dans quelle mesure l'ontologie est-elle fondamentale dans la métaphysique allemande de Wolff ? ». *Revue philosophique de la France et de l'étranger*, vol. 128, nº 3, 2003, p. 323.

[3] Nous présenterons quelques moments autobiographiques personnels et professionnels, moments de pause et de réflexion impliquée en lien avec les thèmes investigués.

Tout a changé depuis hier, Et la rue a des yeux qui regardent aux fenêtres (…) et il y a des mains tendues (…). Boum !

L'astre du jour fait boum, Tout avec lui dit boum, Quand notre cœur fait boum boum.

Le vent dans les bois fait hou hou hou, La biche aux abois fait mêe mêe mêe, La vaisselle cassée fait cric cric crac, Et les pieds mouillés font flic flic flac, Mais... Boum !

(…) L'oiseau dit boum, c'est l'orage, boum. L'éclair qui luit fait boum, Et le bon Dieu dit boum, Dans son fauteuil de nuages. Boum !

Le monde entier fait boum, Tout l'univers fait boum. Je n'entends que boum boum (…). Ça fait toujours boum boum, boum boum boum... »

Extraits de la chanson « Boum ! » de Charles Trenet (1938).

Sous couvert de cette chanson printanière, de quels « boums » souhaitait nous avertir Trenet à la veille de la seconde guerre mondiale ? Et de façon plus générale, qu'est-ce qui se cache derrière les apparences ? Quoi qu'il en soit, les « boums » d'origine terroriste qui ont éclaté en France en 2015 puis dans le reste de l'Europe peu après ont puissamment agi sur moi. Ils m'ont interrogé sur les rapports « terre-ciel ». Ils m'ont poussé à identifier leurs causes et donné envie de participer aux questionnements sur les finalités de l'existence humaine et les modalités d'un (bien) vivre ensemble dans toutes les sphères de ma vie. Car si les religions ont montré, face à ces actes barbares, leurs limites humanistes et politiques, les approches spirituelles pourraient-elles apporter des pistes de solution ? C'est avec cette interrogation que notre recherche spirituelle personnelle s'est élargie, allant du champ de l'expérience personnelle vers celui de la recherche professionnelle.

Tout va-t-il trop vite, tout va-t-il trop mal ? Chacun peut ressentir personnellement que la consultation des médias, subventionnés ou non, nous confronte régulièrement à « toute la misère du monde », aussi bien proche que lointaine. Une misère qui paraît irrémédiable malgré des avancées technologiques et des innovations - à différencier du progrès - proprement inconcevables il y a une génération à peine. Comment un tel décalage est-il possible entre les promesses d'un avenir radieux et une situation mondiale souvent dramatique ? En effet, l'état actuel de l'humanité ne semble pas s'être considérablement amélioré comme si, selon les idées du Réseau intelligence de la complexité diffusées dans son *Interlettre chemin faisant Mcx-Apc*[4], la connectivité mondiale n'avait pas abouti à une conscience humaine globale suffisante pour chercher véritablement à réduire les souffrances humaines : le manque d'accès à l'eau potable atteignait en 2019 plus de deux milliards de personnes[5], les déplacements massifs de populations pour des raisons économiques, écologiques ou de conflits armés se poursuivaient[6], etc.

Nous nous demandons s'il n'y aurait pas dans nos sociétés contemporaines une prise en compte insuffisante de la dimension spirituelle de l'être humain, notamment dans les systèmes éducatifs massifiés, insuffisance qui empêcherait d'établir des liens sociaux tolérants et durables entre tous, s'opposant à ce que Alain Bentolila n'hésite pas à qualifier de barbarie[7] ? Pourtant, à la suite des attentats de 2015, la Commission européenne a organisé en urgence en France une

---

[4] http://www.intelligence-complexite.org/fr/activites/interlettre-chemin-faisant.html
À noter : si besoin, de façon générale, il est parfois possible de retrouver un lien indiqué et qui n'existe plus via le serveur : https://web.archive.org/

[5] https://fr.unesco.org/water-security/wwap/wwdr/2019

[6] http://www.leparisien.fr/international/catastrophes-naturelles-conflits-record-du-nombre-de-personnes-deplacees-dans-leur-pays-28-04-2020-8307297.php

[7] Alain Bentolila. *L'école contre la barbarie.* First éditions, 2017.

« réunion informelle des ministres européens de l'éducation ». Celle-ci a abouti à l'Appel de Paris, une « déclaration sur la promotion de l'éducation à la citoyenneté et aux valeurs communes de liberté, de tolérance et de non-discrimination ».

Or, ni la version de quatre pages[8] ni celle de vingt en langue anglaise[9] n'utilisent les termes « spirituel », « spiritualité » ni même « conscience ». Elles s'en tiennent à des expressions telles que « respect de l'autre », « non-discrimination », « esprit de liberté », « esprit critique », « esprit de tolérance », « ouverture d'esprit ». Donc si le concept de « l'esprit » est bien présent, il est aussitôt suivi par un adjectif qualificatif qui le réduit, empêchant de questionner son sens ontologique qui est bien le plus important à élucider et clarifier pour une bonne entente entre tous. Nous répondons donc par l'affirmative à la question d'Emmanuel Lévinas, précurseur, posée en 1951[10] dans son texte publié après la seconde guerre mondiale : « L'ontologie est-elle fondamentale ? ». Éric Vinson et Sophie Viguier-Vinson[11] partagent cette conception :

> Nous entendons par le terme « ontologie » ce qui concerne « l'être dans son essence », incluant le sentiment possible de quelque chose qui le dépasse et que nous pourrions alors rattacher au domaine du spirituel. Cette dimension spirituelle est d'ailleurs inséparable de l'œuvre collective dans laquelle chacun peut inscrire la finalité de ses actions. Comme le disait Jean Jaurès, un des pères fondateurs de l'école telle que nous la connaissons encore aujourd'hui : « Fabriquer, produire, créer une société où toutes les personnes auraient un droit certain et (...) seraient harmonisées les unes aux autres, c'est faire œuvre de spiritualité profonde, (...) réelle et

[8] https://epale.ec.europa.eu/fr/resource-centre/content/declaration-sur-la-promotion-de-leducation-la-citoyennete-et-aux-valeurs

[9] https://op.europa.eu/en/publication-detail/-/publication/ebbab0bb-ef2f-11e5-8529-01aa75ed71a1

[10] Emmanuel Levinas. « L'ontologie est-elle fondamentale ? ». *Revue de Métaphysique et de Morale*, vol. 56, nº 1, 1951, p. 88-98. Puf.

[11] Éric Vinson et Sophie Viguier-Vinson. *Jaurès le prophète : mystique et politique d'un combattant républicain*. Albin Michel, 2014.

concrète, qui s'empare de tous les éléments du monde naturel pour les transfigurer ».

En cela, comme le dit Yoann Daumet[12], Jean Jaurès « place l'esprit au cœur de l'école républicaine ».

Plus de cent ans après, où en sommes-nous de notre compréhension du spirituel ?

b. Étudier, définir et conceptualiser l'esprit, le spirituel et la spiritualité

We do not have a grand theory and need to respect the evolving diversity, resisting perhaps a singular definitive model. While each reader may have a preferred approach or a favorite theory, it may be important to keep concepts of spirituality and spiritual development open in recognition of its complexity, its cultural embeddedness, and its under-theorized state: it remains, in part, mysterious.

Nous n'avons pas de grande théorie et devons respecter la diversité en évolution, en résistant peut-être à un modèle définitif singulier. Bien que chaque lecteur puisse avoir une approche préférée ou une théorie préférée, il peut être important de garder ouverts les concepts de spiritualité et de développement spirituel, en reconnaissance de sa complexité, de son enracinement culturel et de son état sous-théorisé : cela reste, en partie, mystérieux.

Daniel Scott, 2009[13]

Bien que cette tâche soit réputée ardue, de nombreux hommes de toutes sciences s'intéressent à un moment ou à un autre de leurs recherches aux liens entre le monde de l'esprit et celui de la matière, comme le philosophe Henri Bergson dans son ouvrage *L'Énergie spirituelle* publié en 1919 et le scientifique et théologien Pierre Teilhard de Chardin avec

---

[12] Yoan Daumet. « Contribution de la philosophie de Nicolas Grimaldi à la réflexion éducative ». *Éducation(s) et spiritualité(s)*, n° 56, 2020, p. 166-98.

[13] Daniel Scott (2009, p. 271). « The Role of Spirituality in Human Development and Identity: An Introduction ». In *International Handbook of Education for Spirituality, Care and Wellbeing*. Vol. 3, p. 269-274. Springer Netherlands.

Puissance spirituelle de la matière, paru la même année. Ou encore le physicien et philosophe Erwin Schrödinger en 1958 repris par le philosophe des sciences - spécialisations semblant en miroir - Michel Bitbol en 2011 avec *L'Esprit et la matière.* Ou enfin, plus récemment en 2018, le cognitiviste Maurice Sadoulet avec *De la matière à l'esprit.*

Mais revenons aux philosophes. André Comte-Sponville[14] précise que la spiritualité concerne en premier lieu la « vie de l'esprit » sans lien avec la dimension du religieux. D'autres et non des moindres[15] en proposent comme but la recherche de la vérité, avec pour méthode : « un travail de soi sur soi (par) une transformation progressive (...) ». De son côté Pierre Hadot[16], également historien et philologue, signale une différence entre la dimension existentielle basée sur l'ascèse de soi d'une part et, d'autre part, la dimension spirituelle attachée à l'expérience de soi au-delà de l'intellectualisme et de la morale. Yoann Daumet[17] nous dit que pour Alain, de son vrai nom Émile-Auguste Chartier, ce qui définit la vie de l'esprit est le vrai et le juste, dans la lignée platonicienne. Enfin, pour Jean-François Barbier-Bouvet[18], en sociologie cette fois-ci, la spiritualité est un chemin, une construction personnelle passant par la connaissance de soi. Elle se base sur l'expérience propre et nous relie au monde et à l'univers.

Hors des frontières françaises, le spirituel fait l'objet de recherches pleines et entières. Certaines se focalisent sur des âges de la vie comme les relate l'*International Journal of Children's Spirituality* centré sur la spiritualité des enfants depuis 1997,

---

[14] André Comte-Sponville. *L'esprit de l'athéisme : introduction à une spiritualité sans Dieu.* Paris : Albin Michel, 2006.

[15] Michel Foucault et al. *L'herméneutique du sujet : cours au Collège de France, 1981-1982.* Gallimard, Seuil, 2001.

[16] Pierre Hadot. *Exercices spirituels et philosophie antique.* Paris : Albin Michel, 2008.

[17] Ibid.

[18] Jean-François Barbier-Bouvet. *Les nouveaux aventuriers de la spiritualité : enquête sur une soif d'aujourd'hui.* Médiaspaul, 2015.

avec quatre parutions annuelles. D'autres se centrent sur des conceptualisations du spirituel. Au Québec, Virginie Boelen[19] en a défini ainsi certains critères :

> Bien que ce concept soit très complexe et source de différends, on peut cependant le circonscrire selon trois grandes caractéristiques :
>
> 1- Il s'agit d'un invariant anthropologique (Legrand, 2013) lui conférant son universalité dans le sens où il est question d'une dimension essentielle et intrinsèque à tout être humain (Jobin, 2013 *en réalité 2012* ; Watson, 2017).
>
> 2- C'est une démarche personnelle vers la quête de sens (Bergeron, 2002 ; de Souza, 2006) et d'authenticité, unique, intuitive et motivée (Jobin, 2013) dans une perspective de construction identitaire profonde.
>
> 3- Il s'agit d'une expérience à vivre, sensible (Plater, 2017) vécue dans la relation à l'autre (Hay et Nye, 2006 ; de Souza, 2006) avec un sens profond de la connexion à tout ce qui existe, ce que Hay et Nye (2006) nomment *connectedness* ou *relational consciousness*.

Au Brésil, Ferdinand Röhr[20] représente les différents aspects humains par des cercles concentriques emboîtés comme des poupées russes et symbolisant, du plus petit au plus grand, les dimensions physique, sensorielle, émotionnelle, mentale et enfin spirituelle.

---

[19] Virginie Boelen. « Une conception laïque de la spiritualité pour l'École publique : éducation à la responsabilité, aux valeurs et vulnérabilité du sujet. La prise en compte du cheminement spirituel du jeune selon une perspective d'éducation relative à l'environnement : la problématique québécoise ». *Éducation(s) et spiritualité(s)*, n° 56, 2020, p. 333-71.

[20] Ferdinand Röhr. « Espiritualidade e formação humana ». *Poiésis*, 2011, p. 53-68. p.56, figure 3.

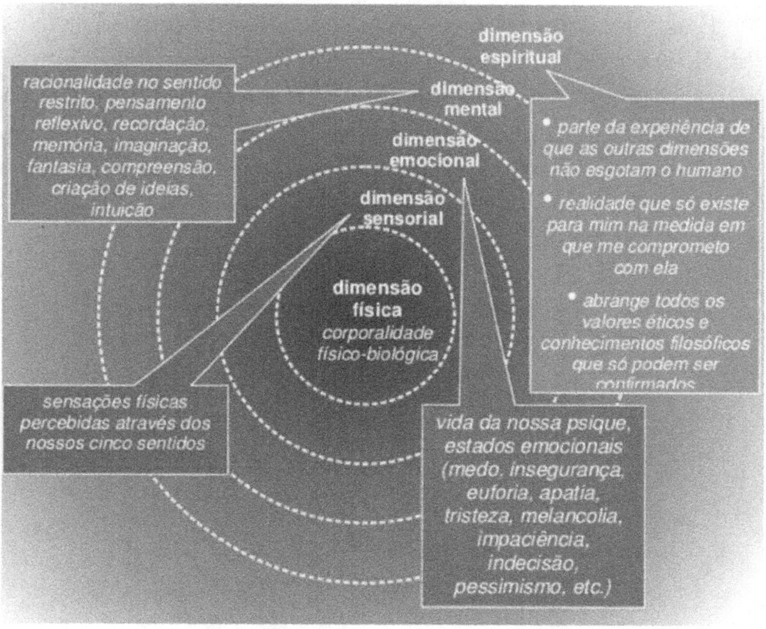

FIGURE 1. LES DIMENSIONS HUMAINES, RÖHR (2011)

Cette présentation en provenance d'un pays hybride et qui opère à la manière d'un rayonnement aurique n'est pas sans rappeler certaines sources traditionnelles comme la théorie indienne des *Pancha koshas*[21] qui distingue, elle, sept plans constitutifs empilés de l'être humain : *Annamaya* kosha (corps physique), *Pranamaya* kosha (corps vital ou pranique), *Kamamaya* kosha (sentiments et désir), *Manasmaya* kosha (esprit concret ou rationnel), *Vijnanamaya* kosha (esprit abstrait), *Anandamaya* kosha (esprit intuitif ou lien conscient avec l'âme) et Monade (esprit).

[21] Paul Deussen. *The Philosophy of the Upanishads*. New York: Dover Publications, 1966.

Plus récemment, le chercheur américain Douglas MacDonald[22] situe de son côté la spiritualité à un stade ultime issu d'un cheminement individuel plus interactionniste mis en lien avec les dimensions de l'existentiel et du bien-être, comme réponse négociée face aux vicissitudes de l'existence perçues par l'*ego*.

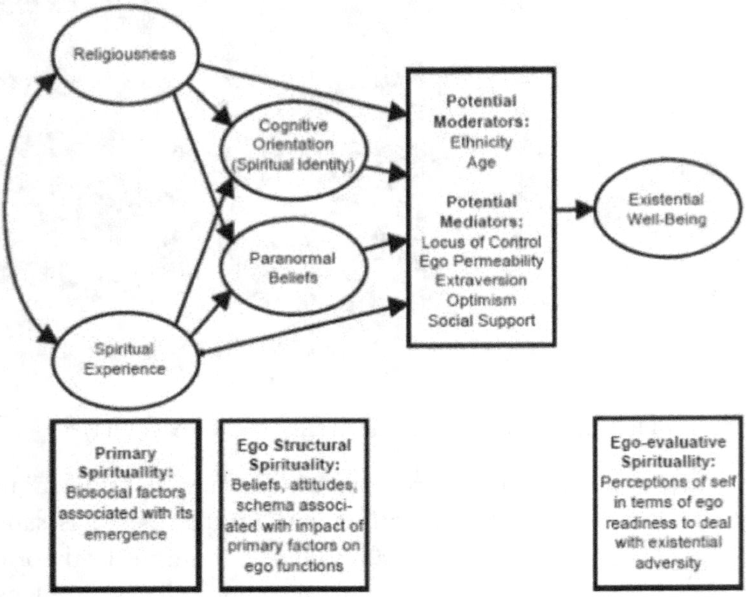

FIGURE 2. REPRÉSENTATION GRAPHIQUE DU MODÈLE STRUCTUREL COMPLET BASÉ SUR LES DIMENSIONS DE SPIRITUALITÉ DE MACDONALD (2009)

Un autre chercheur américain, Paul Gibbons[23] donne cette définition de la spiritualité (nous reproduisons les mots en gras du texte original) : *"Spirituality is the search for* ***direction, meaning, inner wholeness, and connectedness*** *to others, to non-*

[22] Douglas MacDonald. « Identity and Spirituality: Conventional and Transpersonal Perspectives ». *International Journal of Transpersonal Studies*, vol. 28, n° 1, janvier 2009, p. 86-106.

[23] Paul Gibbons. « Spirituality at work: definitions, measures, assumptions, and validity claims », *Proceedings of the Academy of Management*, USA, 2011.

human creation and to a transcendent." Cette proposition nous semble la plus complète et la plus proche des recherches dont nous allons rendre compte. Nous pourrions la traduire ainsi : « La spiritualité est la recherche de la **direction, du sens, de la plénitude intérieure et de la reliance** aux autres, à l'environnement non humain et à une transcendance. »

Un autre angle d'approche consiste à étudier la dimension spirituelle telle qu'abordée dans des milieux spécialisés, comme en santé.

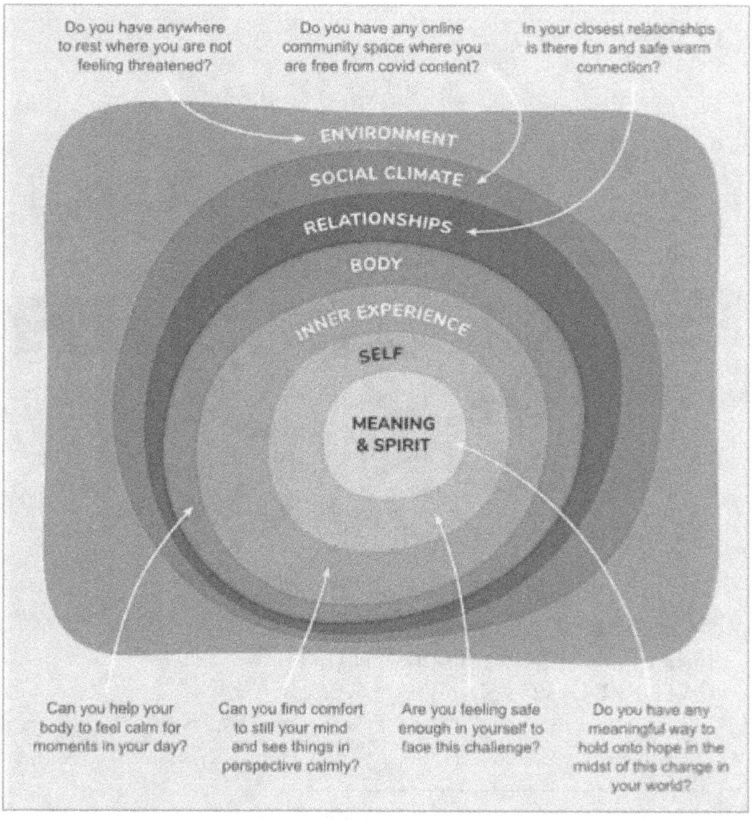

FIGURE 3. APPROCHE INTÉGRALE DU BIEN-ÊTRE. JOHANNA LYNCH (2022)

Le Réseau Santé, Soins et Spiritualités (RESSPIR[24]) vise ainsi à « promouvoir au sein de nos sociétés et cultures la compréhension, la reconnaissance et l'intégration de la spiritualité dans les milieux de la santé ». Johanna Lynch[25] en proposait cette représentation imagée, pour nous mener vers un sentiment de sécurité dans le contexte de la crise pandémique du Covid19.

Ou même celui des sciences de gestion comme le montre cet autre positionnement de Catherine Voynnet-Fourboul[26].

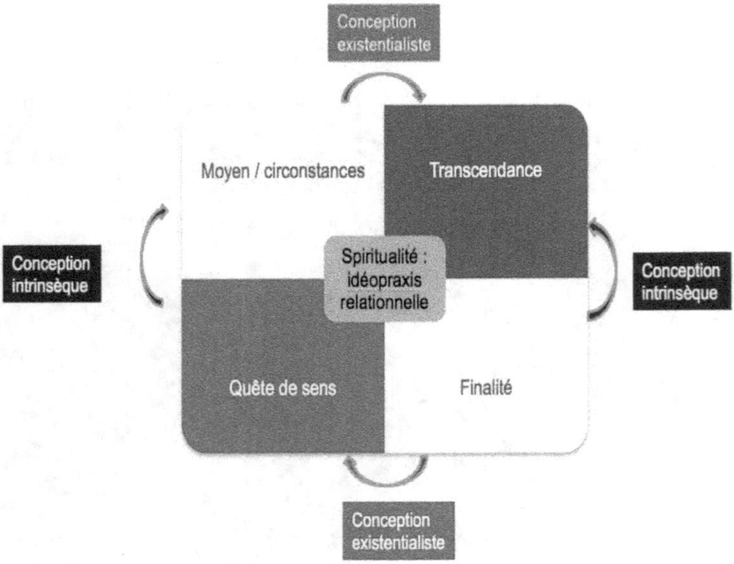

FIGURE 4. DÉFINIR LA SPIRITUALITÉ. CATHERINE VOYNNET-FOURBOUL (2014)

---

[24] https://resspir.org

[25] Johanna Lynch. *Whole Person Approach to Wellbeing: Building Sense of Safety. Routledge.* First Éditions, 2022.

[26] Catherine Voynnet-Fourboul. *Diriger avec son âme : leadership et spiritualité.* Éd. EMS (Management & Société), 2014.

Il résulte de la variété des résultats de ces travaux que la compréhension et la définition du concept du *spirituel* ne peuvent être ni dogmatiques ni figées, mais qu'elles dépendent des sources épistémologiques et des sensibilités des personnes qui s'y intéressent. En ce qui concerne ses pratiques et ses applications concrètes, nous préférons alors utiliser la dénomination *spiritualité,* comprise comme modalité « d'incarnation » - si nous pouvons dire - de la dimension du *spirituel* mis en situation d'utilisation, par exemple en contextes éducatifs.

c. Exemples de conceptualisation et d'utilisation de la spiritualité en contexte éducatif

L'article 17 de la Convention internationale relative aux droits de l'enfant[27] énonce que « Les États parties à la présente Convention (…) veillent à (…) promouvoir son bien-être social, spirituel et moral ainsi que sa santé physique et mentale ». L'éducation est un des moyens permettant d'atteindre ces objectifs.

Jacques Cherblanc et Marie-Anne Risdon ont établi en 2020 une revue internationale sur les termes « vie spirituelle » qui aboutit à un « intérêt pour la prise en compte de la vie spirituelle en éducation (…) aujourd'hui largement partagé et étudié », notamment dans les milieux anglo-saxons. Ainsi, en Grande-Bretagne, des inspecteurs sont chargés de *"promoting and evaluating pupils' spiritual, moral, social and cultural development"*, « promouvoir et évaluer le développement spirituel, moral, social et culturel des enfants », selon les recommandations de l'*Office For Standards In Education*, résultant de *The Education Reform Act* de 1988. Dix ans plus tard, *The Education Act* irlandais demande à son tour aux écoles de *"promote the moral,*

[27] Cide, assemblée générale des Nations-Unies, résolution 44/25, 20 nov. 1989, https://www.ohchr.org/fr/professionalinterest/pages/crc.aspx

spiritual, social and personal development of students (…)", « promouvoir le développement moral, spirituel, social et personnel des étudiants ». Ces deux auteurs recensent ainsi plus de trente publications sur ce sujet, dont certaines rédigées à plusieurs chercheurs. Des ouvrages sont ainsi régulièrement édités en anglais[28] et certains sont impressionnants, comme celui dirigé par de Souza en 2006[29] avec 96 chapitres, 1 403 pages et 508 000 accès en ligne lors de notre rédaction et suivi d'un autre volume trois ans plus tard[30] comprenant 66 auteurs, 1 238 pages, 329 000 accès. Leurs prix sont également conséquents, allant de 416 € (*ebook*) à 527 € (imprimé). Des publications francophones sont aussi disponibles, surtout au Canada, ainsi que l'indique une bibliographie de Raymond Laprée et Suzanne Blouin[31] avec plus de trente références. En France, Hélène Hagège[32] définit le rôle de la spiritualité dans l'éducation comme visant à « une transformation de l'esprit vers plus de conscience pour une connaissance moins déformée, moins biaisée personnellement et culturellement », ceci afin de développer son sens de la responsabilité[33] puis de l'éthique, au travers d'un travail sur les valeurs et la vulnérabilité.

---

[28] Par exemple, Njoki Wane et al., éditeurs. *Spirituality, Education & Society*. Rotterdam: Sense Publishers, 2011.

[29] Marian de Souza et al. *International Handbook of the Religious, Moral and Spiritual Dimensions in Education*. Springer Netherlands, 2006.

[30] Marian de Souza et al. *International Handbook of Education for Spirituality, Care and Wellbeing*. Springer Netherlands, 2009.

[31] Raymond Laprée et Suzanne Blouin. « La psychagogie comme mode d'accompagnement ». *Éducation(s) et spiritualité(s)*, n° 56, 2020, p. 301-31.

[32] Hélène Hagège. « Une conception laïque de la spiritualité pour l'École publique : éducation à la responsabilité, aux valeurs et vulnérabilité du sujet ». *Éducation(s) et spiritualité(s)*, n° 56, 2020.

[33] Hélène Hagège et al. *Pour une éducation à la responsabilité*. Iste éditions, 2018.

Pour en revenir au Canada qui nous intéresse particulièrement, étant comme la France un État laïc, une réflexion menée dès les années 2000 dans la province du Québec a conduit à lier les aspects collectifs et individuels du spirituel. La loi sur l'instruction publique l'expliquait ainsi dans son article 36[34] :

> L'école est un établissement d'enseignement destiné (…) à collaborer au développement social et culturel de la communauté. Elle doit, notamment, faciliter le cheminement spirituel de l'élève afin de favoriser son épanouissement. (Pour cela, un) service éducatif complémentaire d'animation spirituelle et d'engagement communautaire (Sasec) est créé pour l'application de l'article 6 : "L'élève (…) a droit à des services complémentaires d'animation spirituelle et d'engagement communautaire.

Ce service, ayant abouti à la création de postes intitulés « animateurs de vie spirituelle et d'engagement communautaire » (Avsec) a fait l'objet d'un cadre ministériel détaillé explicatif de 44 pages, sous la direction de Richard Leblanc et Jean-René Dubois[35], utilisant plusieurs types de schémas, tel celui-ci :

---

[34] http://www.legisquebec.gouv.qc.ca/fr/showdoc/cs/I-13.3

[35] https://web.archive.org/web/20240110050914/http://www.apavecq.qc.ca/IMG/pdf/Cadre_ministeriel.pdf

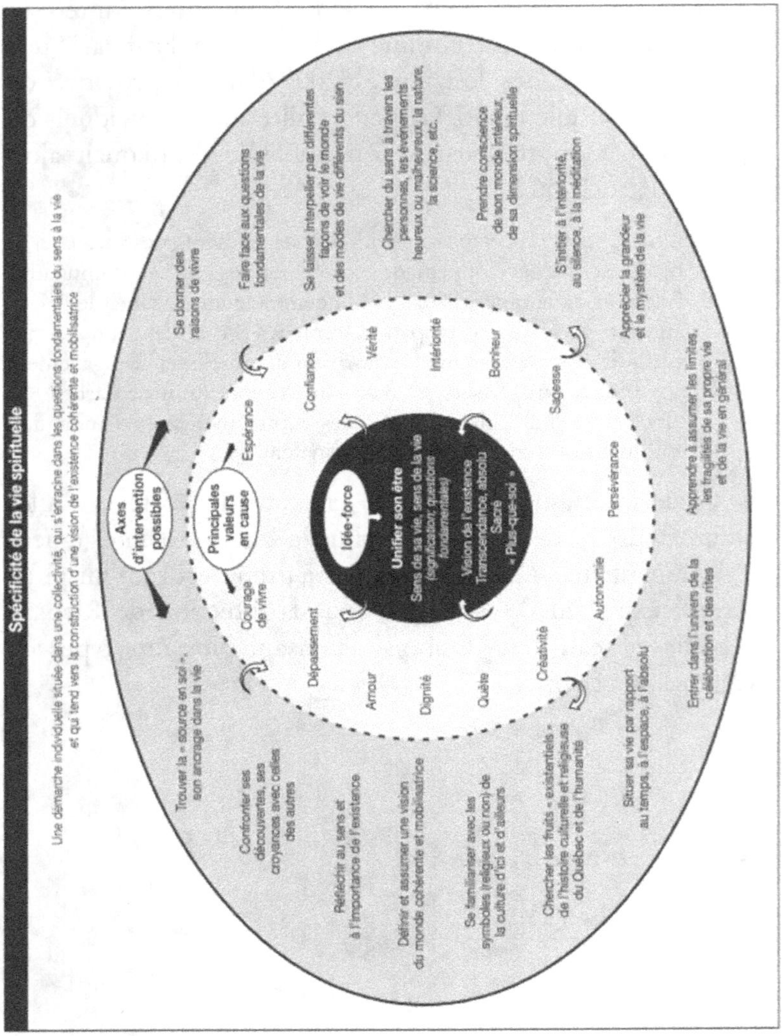

FIGURE 5. SPÉCIFICITÉ DE LA VIE SPIRITUELLE
(CADRE MINISTERIEL, GOUVERNEMENT DU QUEBEC, 2005)

Pour Christian Bergeron et Marie-Anne Risdon[36], la vie spirituelle se définit ici comme « une démarche individuelle située dans une collectivité, qui s'enracine dans les questions fondamentales du sens de la vie et qui tend vers la construction d'une vision de l'existence cohérente et mobilisatrice, en constante évolution ».

Ce dispositif d'accompagnement fonctionnait avec des animateurs recrutés à l'issue d'une formation universitaire portant « principalement sur les domaines spirituel, religieux et social »[37] qui prônait la mobilisation de démarches actives :

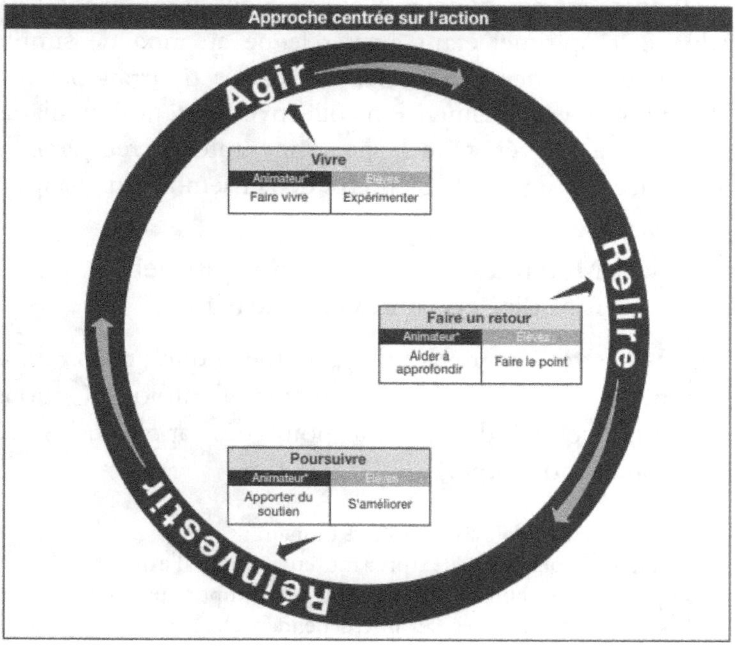

FIGURE 6. APPROCHE CENTRÉE SUR L'ACTION (MANUEL DU GOUVERNEMENT DU QUEBEC, 2005)

---

[36] Jacques Cherblanc et Marie-Anne Risdon. « Définir la vie spirituelle des élèves hors des institutions religieuses (Québec) ». *Éducation(s) et spiritualité(s)*, n° 56, 2020, p. 262-300.

[37] Cf. Guide d'animation du Service d'animation spirituelle et d'engagement communautaire (Sasec, en sitographie).

La définition de l'engagement communautaire se comprend alors comme « une contribution de l'individu à la vie collective fondée sur la reconnaissance de la valeur et de la dignité des personnes et orientée vers la construction d'une société plus harmonieuse et plus solidaire ». Ce service complémentaire, distinct du service d'animation pastorale scolaire, était présenté comme « essentiel à la réussite, pour approfondir sa vie intérieure et changer le monde ».

Finalement, à la suite d'évolutions politiques, le Sasec a été remplacé en 2024 par un service « d'animation de développement personnel et d'engagement communautaire » (Adpec), le spirituel étant ainsi relégué au rang de simple développement personnel. Or, ce dernier pourrait paraître antinomique avec la dimension collective, porteur d'un hiatus entre ce qui relèverait de la personne autocentrée *versus* la conscience d'agir pour le bien-être de l'ensemble du groupe.

d. Modalités et définition du spirituel mobilisé en contexte éducatif

Dans cette approche du spirituel, que nous lions intimement, avec d'autres auteurs, à l'ontologie[38], nous proposons cette « démarche » pour des applications en éducation et formation :

> Le spirituel doit aborder l'être humain :
> a) d'une façon intégrale (prenant en compte l'exhaustivité et la complétude) et holistique (prenant en compte un tout supérieur à la somme des parties et leur interdépendance),
> b) relié à tout ce qui le constitue (corps, émotions, mental et pas seulement au pressentiment de ce qui le dépasse),
> c) et qui vise à le faire grandir harmonieusement en valeurs et en humanité, en lien avec lui-même, les autres, la société et la planète (de la nature au cosmos).

---

[38] Pauline Lenesley, Ruth-Laure Alamarguy et Florent Pasquier, « Dimension spirituelle et relation patients - Professionnels de santé ». *9e Colloque Santé Marseille*, 2021.

Nous « définissons »[39] donc le spirituel en contexte éducatif comme ce qui :
1) s'intéresse à ce qui est commun aux êtres humains, entre, à travers et au-delà des valeurs cultuelles, culturelles ou autres,
2) mobilise des pratiques et des processus tant professionnels que personnels (de soi sur soi), mais aussi collectifs, et toujours respectueux de la nature,
3) est librement consenti, dans le cadre d'un projet, avec un agir possible,
4) se réalise avec une analyse de l'intention et un exercice de la conscience systématiques.

De nombreuses activités peuvent alors entrer dans ces cadres d'exercice, comme le yoga ou la médiation en classe.

e. Implications en santé, formation et recherche

Si, comme l'écrivent l'universitaire américain Charles Tart et ses collègues[40], « l'esprit humain témoigne de propriétés qui relèvent de ce que nous considérons comme spirituel (...) et si nous nions cette spiritualité, (alors) nous renions une part vitale de notre essence humaine et nous créons toutes sortes de pathologies tant sur le plan physique que sur le plan spirituel ».

C'est ce qu'a bien compris la Haute autorité de santé (HAS) qui explique dans un document d'organisation des parcours de 2016 concernant la démarche palliative qu'elle mobilise « des soins actifs délivrés par une équipe multidisciplinaire, dans une approche globale de la personne (...). Leur objectif est de soulager les douleurs physiques et les autres symptômes, mais aussi de prendre en compte la souffrance psychologique, sociale et spirituelle ».

---

[39] Hélène Hagège, Renaud Hétier, Florent Pasquier et Jean Vannereau. (coords.) (2025). *Instituer une éducation laïque à la spiritualité ? Des conditions aux modalités.* Paris : Éditions De Bonne Heure

[40] Charles Tart et al. *Le spirituel est-il réel ? Le psychologue, la science et l'extraordinaire.* Paris : Interéditions, 2010.

De son côté, l'inspecteur général de l'Éducation nationale Abdennour Bidar expliquait, dans une conférence du Centre Sésame[41] à Paris en mai 2017, que « plus on s'éloigne des questions religieuses et métaphysiques, plus elles reviennent avec force dans la vie ». En effet, dans le courant de Hegel et de la phénoménologie, l'esprit cherche son propre engendrement : c'est le processus de l'histoire, comme une autoréalisation. Ce que le biologiste cognitiviste Humberto Maturana et le neurobiologiste Francisco Varela[42] ont appelé 150 ans plus tard l'*autopoïésis*, notion également utilisée par le thérapeute et éducateur Pierre Weil[43], qui nous fait nous approcher d'une autre grande question pour nous indissociable du spirituel : celle de la conscience et de son origine[44].

Dès lors, les processus éducatifs standardisés qui obèrent, occultent ou même nient ces dimensions ne pâtissent-ils pas de cette absence de prise en compte ? Car il semble que même une approche laïque ouverte, sorte d'inverse humaniste en creux du spirituel, ne suffise pas à en rendre compte et pire qu'elle les rejette parfois, mal appliquée, à la périphérie des dispositifs d'apprentissage.

Également, l'étude seule du fait religieux[45] risque d'orienter et de cristalliser dogmatiquement les apprenants et cela quelles que soient les qualités des enseignements mis en place. Ce pourrait être le cas par exemple pour le master de « sciences des religions et sociétés » du Centre d'études en sciences

---

[41] https://centre-sesame.fr

[42] Humberto Maturana et Francisco Varela. *Autopoiesis and cognition: The realization of the living*. D. Reidel Pub. Co, 1980.

[43] Pierre Weil et François de Peretti. *Un regard sur l'infini*. Les Éditions des 3 monts, 2007.

[44] Michel Bitbol. *La conscience a-t-elle une origine ? Des neurosciences à la pleine conscience : une nouvelle approche de l'esprit*. Paris : Flammarion, 2014.

[45] Régis Debray. *L'Enseignement du fait religieux dans l'école laïque*. Paris : ministère de l'Éducation nationale, 2002.

sociales du religieux[46] (Césor, Cnrs-Ehess) à Paris ; les masters en « islamologie, droit et gestion » et en « islamologie, religion, droit et société » du Centre d'études interdisciplinaires des faits religieux[47] (Ceifr) à Strasbourg ou encore des sessions nationales d'une semaine pour l'obtention d'un diplôme universitaire « fait religieux et laïcité », thème également inclus dans les masters d'État 1 et 2 en sciences de l'éducation et de l'enseignement de l'Institut de formation pour l'étude et l'enseignement des religions[48] (Ifer), à Dijon. Pour dépasser cette limite, nous proposerons en conclusion une holarchie de ces différentes notions et nous expliquerons comment le spirituel peut englober et dépasser le religieux et le fait religieux.

Car les approches comparatistes ne nous semblent pas suffisantes pour permettre à chacun, depuis sa singularité (fût-elle partagée dans une foi collective), d'accéder à un mieux vivre ensemble où l'altérité ne soit pas seulement admise ou tolérée mais reconnue comme possibilité pérenne d'un grandir *ensemble* et non pas seulement *côte à côte*.

Pour aborder, comprendre et explorer les dimensions du spirituel, le positionnement du chercheur devra être celui d'un chercheur de sens, ancré du côté de la vérité scientifique, entre philosophie et sagesse, comme schématisé dans la figure ci-après du professeur René Barbier[49] :

---

46 http://cesor.ehess.fr

47 http://ceifr.archives.ehess.fr

48 http://ifer.cucdb.fr

49 René Barbier. « L'éducateur comme passeur de sens ». *Rencontres transdisciplinaires*, n° 12, février 1998.

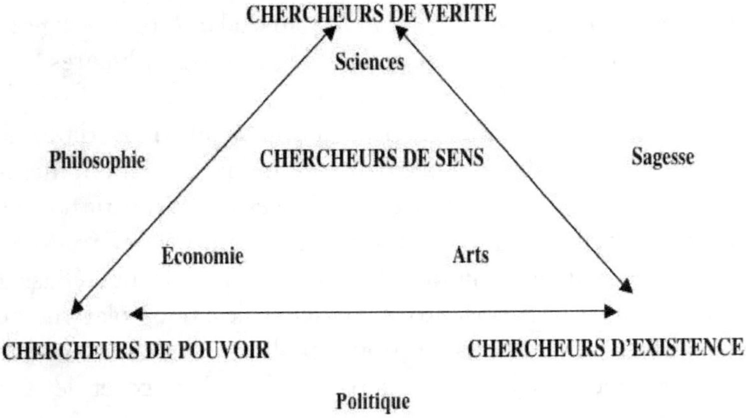

FIGURE 7. LES TROIS CHERCHEURS DE SENS, RENÉ BARBIER (2008)

À partir de ce pôle, tâchons d'éviter les écueils de l'interprétation, tout autant, bien évidemment, que celle des croyances puisque notre objectif, selon les recommandations de Philippe Meirieu[50], n'est pas de « croire » ni de « croire avec » mais de « savoir » et de « connaître », c'est-à-dire de « naître avec ». Cette attitude ouvre, comme le dit Jean-Claude Régnier[51], une voie « oscillant entre le doute du chercheur et la certitude du militant ».

Il est donc nécessaire de vouloir objectiver systématiquement chaque pas de ce chemin en restant conforme aux critères juridiques en vigueur concernant la recherche, pour d'abord élaborer une méthodologie de travail adéquate et ensuite déployer les concepts intellectuels qui permettront d'étayer cette recherche de façon aussi exigeante et impartiale que possible.

---

[50] Philippe Meirieu et al. *Le plaisir d'apprendre*. Paris : Autrement, 2018.

[51] Jean-Claude Régnier. « Méthode naturelle et tâtonnement expérimental », *Actes du congrès Freinet 1996*, 1998, p. 2.

Chapitre 1

Cadres juridiques et théoriques de ces recherches sur le spirituel

> Dans cette lutte incessante que constitue le monde dit moderne, les contemplatifs sont les guerriers les plus résistants.
>
> Christian Bobin
> *Le plâtrier siffleur*. Poesis Éditions, 2018.

Vouloir expliquer théoriquement le spirituel à l'aide de l'approche quantique est un pari multiréférentiel osé, car c'est parfois un sujet générant mécompréhensions et controverses. Celles-ci sont nombreuses tant sur le contenu, qui doit par exemple être distingué du religieux mais aussi éclairci de son rapport à la laïcité, que sur les méthodes et notamment sur les pratiques et attentes issues du domaine des technologies que nous mobiliserons. Ces prouesses technologiques atteignent de telles capacités de traitement et de rapidité que nous avons voulu les interroger directement sur le sujet de cet ouvrage, avant de nous y intéresser selon notre propre manière, humaine, au dernier chapitre.

a. Mise à contribution d'une IA

Une intelligence artificielle en ligne, ou plus précisément un artifice d'intelligence possiblement en forme de plagiat, a donc aimablement répondu à nos requêtes - appelées prompts -, en commençant par celle-ci : « Définis (sic) les approches quantiques en sciences humaines ». Voici sa réponse :

Les approches quantiques en sciences humaines, également connues sous le nom de sciences humaines quantiques, sont des approches conceptuelles et méthodologiques qui utilisent des concepts et des principes de la physique quantique pour étudier les phénomènes humains et sociaux. Bien que la physique quantique soit généralement associée à l'étude du monde subatomique, certains chercheurs ont exploré son application dans le domaine des sciences humaines.

Voici quelques caractéristiques et idées clés associées aux approches quantiques en sciences humaines :

1. Non-séparabilité : Selon la physique quantique, les entités subatomiques peuvent être intriquées de telle manière qu'elles ne peuvent pas être décrites de manière indépendante. Les approches quantiques en sciences humaines suggèrent que les phénomènes humains et sociaux peuvent également être interconnectés de manière non séparable. Par exemple, au lieu de considérer les individus comme des entités distinctes, ces approches mettent l'accent sur les relations et les interactions entre les individus.

2. Superposition : La superposition est un concept de base de la physique quantique qui permet à une particule d'exister simultanément dans plusieurs états. Dans le contexte des sciences humaines, cela peut être interprété comme la reconnaissance de la multiplicité des réalités et des perspectives. Les approches quantiques en sciences humaines remettent en question les notions de vérité objective et de réalité unique, et reconnaissent plutôt que différentes perspectives peuvent coexister et être valides.

3. Indétermination : Le principe d'indétermination, formulé par Werner Heisenberg, stipule que certaines paires de propriétés physiques, comme la position et la vitesse, ne peuvent pas être mesurées avec une précision simultanée. Dans les sciences humaines quantiques, cela peut être interprété comme une reconnaissance de l'incertitude et de la complexité inhérentes aux phénomènes humains. Les approches quantiques en sciences humaines reconnaissent que les comportements humains peuvent être imprévisibles et que les modèles simplistes ne peuvent pas toujours rendre compte de cette complexité.

4. Contextualité : La contextualité est un concept de la physique quantique qui met l'accent sur l'influence du contexte sur les mesures et les observations. Dans les sciences humaines quantiques, cela se traduit par une reconnaissance de l'importance du contexte social, culturel et historique dans la compréhension des phénomènes humains. Les approches quantiques en sciences humaines insistent sur l'idée que les comportements humains

doivent être étudiés dans leur contexte spécifique pour être pleinement compris.

Il convient de noter que les approches quantiques en sciences humaines sont souvent considérées comme controversées et spéculatives. Elles ont été critiquées pour leur manque de rigueur méthodologique et certains chercheurs les considèrent comme des métaphores plutôt que comme des théories scientifiques établies. Néanmoins, ces approches peuvent offrir de nouvelles perspectives et stimuler la réflexion dans certaines disciplines des sciences humaines, telles que la sociologie, la psychologie et la philosophie.

Nous avons alors demandé : « Qui sont ces chercheurs ? » À nouveau, la réponse est apparue en quelques secondes seulement :

Il existe plusieurs chercheurs qui ont contribué à l'exploration des approches quantiques en sciences humaines. Voici quelques noms importants associés à ce domaine :
- Harald Atmanspacher : Physicien allemand spécialisé dans les fondements de la physique quantique et ses implications pour les sciences cognitives. Il a travaillé sur l'application des concepts quantiques à la compréhension de la conscience et de la cognition.
- Jerome Bruner : Psychologue américain connu pour ses travaux sur la psychologie cognitive et la construction des connaissances. Il a proposé des idées sur l'utilisation de la métaphore quantique dans l'étude des processus cognitifs et de la perception.
- Alexander Wendt : Politologue américain qui a exploré l'application des concepts quantiques aux relations internationales. Il a développé la théorie de la "quantum *social science*" pour analyser les interactions entre les acteurs politiques et les structures sociales.
- Roland Omnès : Physicien et philosophe français qui a étudié les fondements de la physique quantique et ses implications pour la philosophie de l'esprit. Il a proposé une approche quantique de la cognition et de la perception.
- Emmanuel Ransford : Philosophe français qui a développé une approche appelée "logique quantique" pour analyser les phénomènes humains et sociaux. Il a cherché à appliquer les principes de la physique quantique à la logique et à la théorie de la connaissance.

Pour pouvoir approfondir ces sources, nous avons d'abord questionné : « Quels sont les ouvrages de ces auteurs ? », puis :

« Peux-tu préciser les maisons et les dates d'édition ainsi que la ville de l'éditeur ? », avec pour résultats :

Voici une liste mise à jour des ouvrages mentionnés, avec les maisons d'édition, les villes d'édition et les dates de publication lorsque disponibles :

1. Harald Atmanspacher :

-"Quantum Approaches to Consciousness" (avec Hans Primas) - Springer, Berlin, 2001.

- "Quantum Interaction: Proceedings of the Second Quantum Interaction Symposium" - College Publications, London, 2008.

- "The Pauli-Jung Conjecture: And its impact today" - Imprint Academic, Exeter, 2009.

2. Jerome Bruner :

- "Acts of Meaning" - Harvard University Press, Cambridge, 1990.

- "Actual Minds, Possible Worlds" - Harvard University Press, Cambridge, 1986.

- "Making Stories: Law, Literature, Life" - Farrar, Straus and Giroux, New York, 2002.

3. Alexander Wendt :

-"Social Theory of International Politics" - Cambridge University Press, Cambridge, 1999.

- "Quantum Mind and Social Science: Unifying Physical and Social Ontology" - Cambridge University Press, Cambridge, 2015.

- "Quantum Social Science" - Cambridge University Press, Cambridge, 2016.

4. Roland Omnès :

- "Understanding Quantum Mechanics" - Princeton University Press, Princeton, 1999.

- "Converging Realities: Toward a Common Philosophy of Physics and Mathematics" - Princeton University Press, Princeton, 2004.

- "Quantum Philosophy: Understanding and Interpreting Contemporary Science" - Princeton University Press, Princeton, 2016.

5. Emmanuel Ransford :

- "La logique quantique et l'essence de la matière" - L'Harmattan, Paris, 2006.

- "La logique quantique et la science des données" - L'Harmattan, Paris, 2013.

- "La Logique Quantique et l'Essence des Mathématiques" - L'Harmattan, Paris, 2021.

En revanche, notre demande : « Et les ISBN » n'a pas été concluante :

> Je m'excuse, mais en tant qu'assistant basé sur le modèle GPT-3.5 d'OpenAI, je n'ai pas accès à une base de données complète d'informations spécifiques sur les maisons d'édition, les villes d'édition et les ISBN des ouvrages mentionnés. Je suis un modèle de langage qui génère des réponses en fonction de l'apprentissage de modèles statistiques sur un large corpus de texte.
>
> Pour obtenir des informations précises sur les maisons d'édition, les villes d'édition et les ISBN des ouvrages, je vous recommande de consulter des sources telles que les sites Web des maisons d'édition, les librairies en ligne ou les bases de données bibliographiques spécialisées. Ces sources devraient fournir les informations détaillées que vous recherchez.

Nous avons ensuite voulu affiner notre requête : « Que peux-tu dire des approches quantiques en rapport avec le spirituel ? » et utiliser la fonction « Dites m'en plus », ce qui a donné cette réponse :

> Permettez-moi de développer davantage sur les approches quantiques en rapport avec le spirituel.
>
> Analogies et métaphores : les partisans de ces approches utilisent souvent des analogies et des métaphores de la physique quantique pour illustrer des concepts spirituels. Par exemple, la superposition quantique, où une particule peut exister dans plusieurs états simultanément, est parfois comparée à la capacité de la conscience de transcender les limites du corps et à la notion de réalités multiples coexistantes. L'idée d'intrication quantique, où deux particules sont étroitement liées et semblent se "communiquer" instantanément, est parfois utilisée pour suggérer une connexion profonde et non locale entre les individus ou avec une force supérieure.
>
> Non-localité et interconnectivité : la physique quantique met en évidence des phénomènes tels que l'intrication et la non-localité, qui défient notre compréhension classique de l'espace et du temps. Certains pensent que cela peut être lié à des notions spirituelles telles que l'interconnectivité de toute chose et la possibilité d'une conscience ou d'une réalité transcendant les limites physiques. Cela a conduit à des spéculations sur la possibilité de la conscience collective ou d'une conscience universelle.

> Observateur et création de la réalité : l'interprétation de Copenhague de la physique quantique souligne le rôle de l'observateur dans la création de la réalité. Certains soutiennent que cela peut être lié à des idées spirituelles sur le pouvoir de l'intention, de la conscience et de la perception dans la manifestation de la réalité. Cela a été exploré dans le domaine de la pensée positive, de la méditation et des pratiques de visualisation.
>
> Limites et critiques : malgré l'intérêt et les spéculations, il y a aussi des critiques importantes envers ces approches. Certains scientifiques estiment que les phénomènes quantiques sont spécifiques aux systèmes microscopiques et ne peuvent pas être étendus à des niveaux macroscopiques ou à des phénomènes complexes tels que la conscience. D'autres soulignent que les analogies entre la physique quantique et le spirituel sont souvent superficielles et peuvent être source de confusion si elles ne sont pas étayées par des preuves empiriques solides.

Là encore, nous avons demandé : « Quelles sont les sources qui ont permis de produire ce texte ? », avec pour résultat :

> En tant qu'IA, je ne dispose pas d'un accès direct aux sources spécifiques utilisées pour générer ma réponse (…), basée sur une combinaison de connaissances générales acquises lors de mon entraînement sur un vaste corpus de texte, qui comprend des articles scientifiques, des livres, des publications académiques et diverses sources en ligne.
>
> Il convient de noter que mes réponses sont générées de manière algorithmique et ne sont pas basées sur une recherche en temps réel. Je ne peux pas citer des sources spécifiques pour chaque déclaration que je fais. Par conséquent, je vous encourage à consulter des sources fiables, telles que des publications scientifiques et des ouvrages académiques, pour obtenir des informations plus détaillées et spécifiques sur les approches quantiques en rapport avec le spirituel. »

Nous avons insisté : « Cite-moi des auteurs qui ont permis de générer cette réponse » sans plus de succès. Mais une proposition automatique suivait : « Existe-t-il des articles scientifiques recommandés sur les approches quantiques en relation avec le spirituel ? ». Nous l'avons sélectionnée, ce qui a abouti à l'indication de nouveaux auteurs :

1. "Quantum Approaches to Consciousness" (Les approches quantiques de la conscience) - Stuart Hameroff et Roger Penrose, dans la revue Trends in Cognitive Sciences, 1996.
2. "Quantum Physics in Neuroscience and Psychology: A Neurophysical Model of Mind–Brain Interaction" (La physique quantique en neurosciences et en psychologie : un modèle neurophysique de l'interaction esprit-cerveau) - Harald Atmanspacher et Hans Primas, dans la revue Philosophical Transactions of the Royal Society A, 2012.
3. "Quantum Mechanics in the Brain" (La mécanique quantique dans le cerveau) - Matthew Fisher, dans la revue Annals of Physics, 2015.
4. "Quantum Approaches to Consciousness: A Critical Review" (Les approches quantiques de la conscience : une revue critique) - Paavo Pylkkänen et Henry P. Stapp, dans la revue Mind and Matter, 2018.

Nous retiendrons de cette longue « consultation », que nous renouvellerons occasionnellement avec d'autres IA, que la prudence scientifique reste de mise et que la meilleure voie pour cela est de procéder par étapes : d'abord, se placer en conformité avec les arsenaux juridiques et les garde-fous des activités scientifiques et, ensuite, présenter les domaines investigués et leurs concepts privilégiés pour parvenir à notre objectif.

b. Deux textes institutionnels

Il est donc essentiel de connaître l'étendue des investigations possibles, les frontières et le hors champ, d'autant plus que le spirituel pouvait jusqu'à récemment faire l'objet de soupçons ou de discordes en France, pays fortement marqué par la séparation des églises et de l'État,[52] où se faisait encore trop facilement l'amalgame entre les notions de religion et de spiritualité. Les textes sélectionnés suivants

---

[52] Séparation instituée par la loi du 9 décembre 1905 : https://www.legifrance.gouv.fr/affichTexte.do?cidTexte=JORFTEXT000000508749

valent en France tant pour les activités de recherche que de formation.

Charte de la laïcité à l'école : circulaire n° 2013-144 du 6-9-2013

Article 12 : « (…) aucun sujet n'est a priori exclu du questionnement scientifique et pédagogique ».

Cette charte[53], dont nous mettons en exergue l'article 12, concerne spécialement les périmètres d'exercice de la laïcité en contexte scolaire, que nous plaçons en balance avec la notion de spirituel[54]. Cette dernière, comme toute autre sujet, doit donc pouvoir être questionnée de façon « scientifique et pédagogique ».

Code de l'éducation : objectifs et missions de l'enseignement supérieur et de la recherche

Deux articles précisent les cadres et les attendus de la recherche publique en France :

Article L.112-1 : objectifs de la recherche

La recherche publique a pour objectifs :

a) Le développement et le progrès de la recherche dans tous les domaines de la connaissance ;

b) La valorisation des résultats de la recherche au service de la société, qui s'appuie sur l'innovation et le transfert de technologie ;

c) Le partage et la diffusion des connaissances scientifiques en donnant priorité aux formats libres d'accès ;

c bis) Le développement d'une capacité d'expertise et d'appui aux associations et fondations, reconnues d'utilité publique, et aux

---

[53] Présentée ici : https://www.education.gouv.fr/bo/13/Hebdo33/MENE1322761C.htm/

[54] L'association France Universités qui regroupe des dirigeants des universités et établissements d'enseignement supérieur en France a publié un guide de la laïcité à l'université : https://franceuniversites.fr/wp-content/uploads/2023/12/RVB_FRANCE_UNIVERSITES_LE_GUIDE_DE_LA_LAICITE_16X24CM.pdf/

politiques publiques menées pour répondre aux défis sociétaux, aux besoins sociaux, économiques et du développement durable ;

d) La formation à la recherche et par la recherche ;

e) L'organisation de l'accès libre aux données scientifiques. (…)

Un premier attendu concerne donc le développement et le progrès de la recherche dans tous les domaines de la connaissance, sans interdire de s'intéresser *a priori* à quelque domaine d'analyse que ce soit. Une recherche concernant la connaissance et les attributs de l'esprit depuis la métaphysique et le métapsychique jusqu'aux neurosciences est donc légitime.

Nous chercherons aussi à apporter une contribution au deuxième objectif, la valorisation des résultats de la recherche au service de la société, en appliquant les résultats de cette recherche dans le domaine de l'enseignement, à l'aide d'exemples et par le développement d'une pédagogie originale, objet d'un prochain ouvrage.

Article L.123-3 : missions du service public de l'enseignement supérieur

1° La formation initiale et continue tout au long de la vie ;

2° La recherche scientifique et technologique (…) ;

3° L'orientation, la promotion sociale et l'insertion professionnelle ;

4° La diffusion de la culture humaniste, en particulier à travers le développement des sciences humaines et sociales, et de la culture scientifique, technique et industrielle ;

5° La participation à la construction de l'Espace européen de l'enseignement supérieur et de la recherche ;

6° La coopération internationale.

Dans cette liste des missions du service public de l'enseignement supérieur, cette recherche sur le spirituel trouve sa place également dans la quatrième mission : la diffusion de la culture humaniste à travers le développement de la culture scientifique.

c. Un triple positionnement épistémologique

> Le formateur (...) a dû opérer une sorte d'arrachement culturel pour se former lui-même, par le biais de quelques rencontres humaines et sociales " d'hommes remarquables ", souvent marginales. Il est passé par plusieurs types d'interrogations lors de son autoformation : un questionnement sur les savoirs, un questionnement sur les savoir-faire, un questionnement sur le savoir-se-situer et un questionnement sur le savoir-être.
>
> Trois types de doutes l'animent en permanence :
>
> Un doute scientifique sur les savoirs qui prétendent rendre compte du réel humain,
>
> Un doute méthodologique sur la " bonne méthode " pour approcher le rapport au savoir, au savoir-faire, au savoir-se-situer et au savoir-être chez les formés,
>
> Un doute ontologique qui le questionne lui-même sur sa propre identité et sa propre connaissance de ce que veut dire " vivre et mourir ".
>
> René Barbier[55]

Ces trois doutes du formateur, tels qu'exposés par René Barbier, fondent nos propres questionnements. Les réponses proviendront de trois épistémologies[56] de recherches et d'actions qui, telles trois pommiers symboliques, grandissent côte à côte en se ramifiant :

- avec un premier tronc lié aux sciences : l'approche transdisciplinaire ;
- un deuxième dédié à l'ontologie : la psychologie transpersonnelle ;
- et un troisième composé d'outils et de méthodes incluant l'usage des (toujours) nouvelles technologies : la transtechnologie.

---

[55] René Barbier, *Le formateur d'adultes comme homme à venir*, revue « Mémoires du XXIe siècle : l'homme à venir », déc. 2000, Éds. du Rocher : Paris.

[56] Entendu comme « *connaissance de la connaissance* » selon Gérard Salem, dans « Transdisciplinarité et intersubjectivité ». *Gazette de la CIMI*, deuxième parution (automne 2008).

Lors de leur croissance, les branches entremêlées de ces trois arbres de la connaissance constituent une canopée dans laquelle nous discernons un « schéma archétypal des humains et de la nature ». Celui-ci se décline en plusieurs contextes (disciplines, méthodes, moyens/outils...). Nous l'avons baptisé du nom de « structure-temple »[57]. Ces trois domaines s'imposent d'eux-mêmes : la transdisciplinarité et le transpersonnel en raison de leurs aspects relativement novateurs en France, qui apportent un éclairage nouveau sur le spirituel. Et le numérique parce que, outre le fait d'être nécessairement toujours en lien avec l'actualité, se révèle de façon peut-être inattendue lié également par certains de ses aspects et de ses mises en œuvre à la dimension du spirituel.

d. Présentation des trois domaines de recherche mobilisée

Moment de vie #2, 1993 : apprendre, un chemin sans fin

> « La philosophie, c'est avant tout se poser des questions plutôt que d'apporter des réponses ».Cette phrase, prononcée par un camarade du DEA 2C2M (Création et communication multimédia) à l'université Paris 8 en 1993, m'a placé rapidement en position de modestie par rapport aux savoirs que nous allions acquérir. Cette attitude ne m'a jamais quitté depuis. Comme enseignant, je dis toujours à mes étudiants qu'ils apprendront peut-être des choses avec moi - cela dépendra en partie de leur réceptivité -, et que moi j'en apprendrai certainement aussi, grâce et avec eux.

[57] Florent Pasquier and Basarab Nicolescu, « To Be or Not to Be Transdisciplinary, That Is the New Question. So, How to Be Transdisciplinary? », *Transdisciplinary Journal of Engineering & Science*, 10 (2019)

En puisant dans les connaissances académiques (université), populaires (éducation citoyenne) et les sagesses du monde (peuples premiers), nous suivons les pas de René Barbier. Il avait défini ainsi son approche du spirituel dans un mail le 29 mars 2016 posté sur la liste de diffusion du Groupe de Recherche « Spiritualité et Éducation[58] :

> Si j'avais à nourrir (cette) problématique du côté de la cité savante c'est en m'appuyant sur les recherches en neurosciences liées à la méditation sans objet dans la ligne de Matthieu Ricard et de Jacques Lecomte. Du côté philosophique, ce serait vers la phénoménologie et les recherches sur l'attention de Nathalie Depraz que je me tournerais (voir sa remarquable HDR). La question de la conscience aujourd'hui est également débattue par les scientifiques en mécanique quantique (…). J'estime que Krishnamurti nous a donné l'essentiel pour notre problématique en dehors de la conscience localisée et une ouverture vers une conscience non locale.

Nos résultats présentés dans cet ouvrage conserveront donc un statut temporaire, car ils sont liés à l'évolution infinie des champs explorés. Cette attitude d'un questionnement permanent est juste tant il ne peut exister de certitude définitive : c'est le propre de la science que de s'affiner constamment ou même de se trouver en rupture totale d'avec les certitudes passées, même concernant les lois de la physique ou des mathématiques. Ce phénomène se retrouve aussi dans les disciplines des sciences humaines, par exemple en sociologie :

> À une époque où les changements se multiplient dans tous les domaines, (la sociologie) doit s'atteler à peaufiner sa conceptualisation et à repenser ses paradigmes, pour assumer pleinement son rôle social[59].

---

[58] https://spiritualiteducation.blogspot.com

[59] Liliane Voyé. « Un avenir ouvert pour une sociologie revisitée », SociologieS, Débats, La situation actuelle de la sociologie, 09 mai 2012.
http://journals.openedition.org/sociologies/4014

Trois sources épistémologiques pluridisciplinaires et transversales ont particulièrement nourri nos prises de conscience successives sur la compréhension du spirituel et ont réellement apporté quelque chose de neuf à ce domaine pourtant déjà étudié de multiples façons. D'abord la transdisciplinarité[60], en lien avec l'approche complexe[61] et la psychologie transpersonnelle[62], encore peu présentes dans l'espace académique français. Ensuite les humanités numériques, placées au contraire en situation de surexposition médiatique du fait du très grand nombre d'auteurs présents sur cette thématique. Nous les présenterons dans cet ordre, qui ne correspond pas à leur arrivée historique sur la scène de la recherche internationale, mais qui retrace bien en revanche l'évolution historique de la compréhension des rapports entre « monde des objets » et « monde des sujets », du premier vers le second jusqu'à leur interaction et leur dépassement dans les notions issues des approches *trans*, avec notamment l'émergence des notions de « triple », de « tiers » et de « ternaire », que nous investiguerons comme clés explicatives du spirituel. Et n'oublions pas que ces trois domaines sont encore en cours de développement et qu'ils sont parfois sujets à polémique. Nous souhaitons que cet ouvrage participe à leur assise et à leur compréhension.

Pour cela, nous suivrons pour chacun d'eux la trame suivante, en l'adaptant selon les circonstances : sources, naissance et émergence ; grands noms, courants constructeurs et évolutions ; consolidation et déploiement ; présence actée contemporaine ; domaines d'application, exemples, positionnements et objectifs ; recherches avancées ; aboutissement explicatif en lien avec le spirituel.

---

60 Basarab Nicolescu. *La transdisciplinarité : manifeste*. Éditions du Rocher, 1996.

61 Edgar Morin. *Introduction à la pensée complexe*. ESF, 1992.

62 Marc-Alain Descamps. *La psychanalyse spiritualiste*. Paris : Desclée de Brouwer, 2004.

Chapitre 2

La transdisciplinarité

Que les disciplines des différentes sciences expérimentales se pénètrent les unes les autres, en dépit des cloisons étanches que notre esprit assoiffé d'ordre place partout comme des barrières infranchissables, et nous ferons peut-être de nouvelles et fructueuses moissons. Les fleurs des arbres, éternellement immobiles, se cherchent les unes les autres et l'abeille vient à leur secours : que l'esprit de synthèse joue ce rôle dans nos sciences qui s'isolent chaque jour un peu plus par leur extrême spécialisation.

Maurice Mathis, *Le peuple des abeilles*, PUF, 1947.

Moment de vie #3, 1994-1997 : une thèse en Cifre à visée « trans-disciplinaire »

En 1994, à la suite de mon dépôt de dossier en vue de financer ma thèse par une Cifre (Convention industrielle de formation par la recherche) au sein de la société IB2 Technologies - filiale de Bouygues et d'IBM -, les examinateurs avaient requis un complément explicatif sur l'aspect sciences sociales de mon projet qui concernait « la vidéo à la demande en formation ».

La première phrase de ma réponse à cette requête fut la suivante :

« La difficulté et l'intérêt de la démarche proposée sont (...) de faire cohabiter des préoccupations trans-disciplinaires (...) pour aboutir à la création de nouveaux procédés d'apprentissages (...) ». Le concept de transdisciplinarité (écrit alors avec un trait d'union) me « préoccupait » donc dès le début de mes recherches dans le supérieur. Il s'ancrera définitivement dans ma trajectoire de chercheur vingt ans plus tard avec la rencontre d'un de ses fondateurs, Basarab Nicolescu, président du Ciret[63] (Centre international de recherches et études transdisciplinaires).

Moment de vie, 2016 : une bronca pour le transdisciplinaire

Le 8 novembre 2016, les soixante membres de mon laboratoire Costech (Connaissance, organisation et systèmes techniques, sis à l'université de technologie de Compiègne, bi-attaché aux sciences de l'ingénieur et aux sciences humaines) étaient convoqués pour découvrir en séance plénière l'évaluation ministérielle de leurs travaux conduits par le Hcéres (Haut conseil de l'évaluation de la recherche et de l'enseignement supérieur). Le rapport notait, au sujet du critère numéro 6 (« Perspectives et stratégie scientifique à cinq ans ») :

« L'architecture compliquée du projet (du laboratoire) révèle une tension au sein de l'unité entre l'exigence transdisciplinaire comme moyen pour mener une recherche technologique et le souci de maintenir des cadres de référence disciplinaires pour les exigences de publication et de formation des doctorants. La multiplication des dispositifs censés permettre les échanges entre disciplines suggère que la vocation interdisciplinaire du laboratoire a du mal à se concrétiser. Chacune des trois équipes constitutives de l'unité paraît attachée à une couleur disciplinaire particulière qui entre en tension avec le souci de transversalité ».

Ce groupe d'experts extérieurs a alors demandé aux composantes présentes du laboratoire pourquoi elles n'affichaient pas plus le terme « transdisciplinaire » dans leurs recherches, plutôt que celui

[63] http://ciret-transdisciplinarity.org

« d'interdisciplinaire ». Un échange « animé » a suivi durant lequel nos collègues ont âprement dénoncé la cause d'un cloisonnement de notre système universitaire en disciplines (« en silos ») qui les empêchait justement de pouvoir se réclamer plus ouvertement de la transdisciplinarité sous peine d'être marginalisés, incompris et finalement mal notés. Cet aréopage disciplinaire, incluant un membre du Conseil National Universitaire (CNU), s'est alors vu presque « contesté » par d'autres chercheurs qui ont pris des exemples dans le monde anglo-saxon (notamment en génie industriel) pour dénoncer le fait que le développement de la transdisciplinarité en France échouait régulièrement en raison d'un cloisonnement structurel académique historique quasi-impossible à remettre en cause.

Ces enseignants et chercheurs de terrain avaient donc déjà opéré leur mutation en transgressant les frontières classiques, mais sans oser encore l'affirmer ouvertement.

De nos jours, dans la plupart des disciplines académiques, les chercheurs mobilisent la transdisciplinarité comme moyen efficient pour faire face aux problèmes rencontrés dans l'exercice de leur métier ou devant les contradictions apparentes auxquelles ils sont confrontés dans un monde où la complexité et la vitesse s'accélèrent. Mais cette posture n'est pas sans rencontrer de difficultés, étant donné la jeunesse relative et les polysémies possibles du terme « transdisciplinarité » dont on dit qu'il fut popularisé par Jean Piaget[64] dans les années 1970. Mais à ce moment, ce dernier faisait plutôt référence à l'instauration d'une « interdisciplinarité généralisée » : dans son texte

[64] Gilbert Zulian. « De la transdisciplinarité (terme peut-être inventé par un habitant du plateau de Pinchat, Monsieur Jean Piaget, vers 1970) ». *Revue internationale de soins palliatifs*, vol. 22, nº 1, 2007, p. 1.

« L'Épistémologie des relations interdisciplinaires »[65], il utilise ainsi le préfixe « inter » 40 fois en 18 pages mais quatre fois seulement le terme « transdisciplinarité ».

Ci-avant, les remarques faites par des experts-évaluateurs sur la pertinence ou non d'employer le terme « transdisciplinarité » suscitent des plaintes de chercheurs qui se sentent discriminés s'ils s'en réclament, même en précisant des contextes ou des buts recherchés particuliers. Cela interroge *in fine* le rapport entre continuité, superposition ou séparation des approches multi/pluri/interdisciplinaires[66] d'une part et d'autre part de leurs liens avec la ou les transdisciplinarités[67]. Une présentation historique s'avère nécessaire pour éclaircir cette tension.

a. Naissance et évolution des disciplines académiques

Selon Jacques Verger[68], les universités européennes, constituées à partir du XIIe siècle, regroupent la plupart du temps quatre types de facultés : théologie, droit canon, médecine, arts.

Au XXIe siècle, Basarab Nicolescu[69] dénombre dans le monde plus de 10 000 religions, plus de 6 000 langues et

---

65 Jean Piaget. « L'Épistémologie des relations interdisciplinaires ». *L'interdisciplinarité: problèmes d'enseignement et de recherche dans les universités*, OCDE, 1972, p. 154-71.

66 Marion Borderon et al. « Réflexivité et registres d'interdisciplinarité. Une boussole pour la recherche entre natures et sociétés ». *Natures Sciences Sociétés*, vol. 23, n° 4, octobre 2015, p. 399-407.

67 Sue McGregor. « The Nicolescuian and Zurich Approaches to Transdisciplinarity ». *Integral Leadership Review*, vol. 6/16, 2015 ; Florent Pasquier. « La transdisciplinarité, combien de divisions ? », *Arse*, L'Harmattan, 2017, p. 33-46.

68 Jacques Verger. *Culture, enseignement et société en Occident aux XIIe et XIIIe siècles*. Presses Universitaires de Rennes, 1999, p. 25.

69 Basarab Nicolescu. « Technological Singularity - The Dark Side ». *Transdisciplinary Journal of Engineering & Science*, vol. 7, n° 1, 2016, p. 46.

dialectes, plus de 8 000 disciplines et spécialisations. En conséquence, l'objectif qui pouvait être, pour « l'honnête homme » du siècle des Lumières, de devenir un savant universel à la noble manière antique n'est tout simplement plus possible. De la même façon, les contenus scolaires se sont étendus et complexifiés. Ainsi, le temps scolaire en France, qui est déjà le plus long des pays de l'Ocde (Organisation de coopération et de développement économiques), a été chargé dans les années 2000 d'inclure, en plus des programmes disciplinaires, un Socle commun de connaissances, de compétences et de culture (Sccc). Ce dernier aborde dans son essence notre façon d'être au monde de manière transversale *via* une nouvelle approche basée sur les « savoir-être ».

Entre les deux se trouve un espace pour la « multi » ou « pluri » disciplinarité, soit l'étude d'un domaine unique à partir des points de vue de plusieurs disciplines, et pour l'interdisciplinarité, c'est à dire le transfert de méthodes entre disciplines. Pour Yves Lenoir[70], l'interdisciplinarité s'appuie totalement sur les disciplines caractérisées par un contenu cognitif formalisable avec des objectifs spécifiques. Par exemple, certaines disciplines sont vouées à la construction du savoir (l'histoire, les sciences), d'autres à l'expression de ce savoir (comme les mathématiques, ce en quoi il s'agit d'une posture platonicienne) et d'autres enfin visent la mise en relation avec la réalité (éducation physique, arts). Les ateliers interdisciplinaires, probablement déjà déstabilisants et brisant trop les habitudes, furent majoritairement rejetés en France en 2015 par les enseignants lors de la réforme des EPI (Enseignements et pratiques interdisciplinaires) au collège. Alors que, au même moment, la Finlande annonçait de son

---

[70] Yves Lenoir et al. *Les Fondements de l'interdisciplinarité dans la formation à l'enseignement.* Éditions du CRP, 2001.

côté la fin de l'enseignement par disciplines au profit d'un enseignement réalisé avec des sujets transversaux[71].

Pour sa part, la transdisciplinarité, issue de la révolution quantique[72], trouve une place naturelle dès lors qu'on mobilise sciences fondamentales et sciences humaines[73], en les intégrant et en dépassant leur clivage apparent. Ainsi, dans le mot « transdisciplinarité », le préfixe « trans » peut se comprendre comme ce qui est *entre*, *à travers* et *au-delà* des disciplines. Ce à quoi nous ajouterions également ce qui leur est *commun* (nous y reviendrons). Il est à noter aussi que la transdisciplinarité prend en compte les travaux ou recherches d'acteurs non-académiques, comme les personnes de terrain, les praticiens ou encore les artistes par exemple.

b. Élaboration théorique progressive de la transdisciplinarité

La transdisciplinarité s'est constituée progressivement notamment avec les apports successifs de Basarab Nicolescu, ancien chercheur en physique nucléaire du Cnrs. Il fut aussi l'un des membres fondateurs, en 1987, du Centre International de Recherches et Études Transdisciplinaires (Ciret), avec les prix Nobel Abdus Salam et Ilya Prigogine ainsi que d'autres personnalités comme Jean-Claude Carrière, Michel Cazenave, Gilbert Durand, Edgar Morin, Philippe Quéau ou encore Dominique Wolton. Il en a assuré la présidence jusqu'en 2019.

---

[71] https://www.independent.co.uk/news/world/europe/finland-schools-subjects-are-out-and-topics-are-in-as-country-reforms-its-education-system-10123911.html

[72] Michel Bitbol. « En quoi consiste la 'Révolution Quantique' ? ». *Revue Internationale de Systémique*, n° 11, 1997, p. 215-39.

[73] Basarab Nicolescu. « De l'interdisciplinarité à la transdisciplinarité : fondation méthodologique du dialogue entre les sciences humaines et les sciences exactes », p. 91. *Nouvelles perspectives en sciences sociales*, vol. 7, n° 1, décembre 2011, p. 89-103.

Basarab Nicolescu a publié son premier livre en 1968. Comme il l'explique dans un entretien avec Augusta Alvarenga en 2005[74], sa conception de la transdisciplinarité s'est construite à partir de son « goût initial de l'approche apophatique » et s'est développée ensuite par sa découverte de « la physique quantique nourrie par Heisenberg, Pauli, Bohr et Gödel ». Il a élaboré graduellement la méthodologie - et non la méthode, pas plus que le paradigme, précise-t-il -, de la transdisciplinarité de façon non dogmatique, non strictement formelle mais ouverte, à partir des années 1970.

La transdisciplinarité cherche à établir des liens entre les phénomènes en exploitant les postulats de la physique quantique et en explorant les nouveaux modèles construits après Newton et les mécanismes de la pensée linéaire qui séparent différents niveaux de matérialité. Cette conception de l'être humain (le sujet, les systèmes sociaux) et de l'univers (l'objet, les systèmes naturels) qui serait fragmentée et parcellaire est donc désormais considérée comme incomplète et inefficace pour nous connaître nous-mêmes et pour comprendre le monde.

Nous n'y trouverions que des « stocks » et non des « flux ». Or, le monde est une succession de flux et pas seulement une accumulation de stocks. Le chercheur travaille ici au-delà de champs pré-cloisonnés pour rechercher une « unité de la connaissance » incluse dans la diversité des savoirs. Cette approche s'appuie notamment sur les travaux phénoménologiques d'Edmund Husserl[75]. À la suite d'un séjour de recherche à Berkeley où Basarab Nicolescu rencontre les chercheurs en physique quantique Geoffrey

---

[74] Augusta Thereza de Alvarenga et al. « Congressos internacionais sobre transdisciplinaridade : reflexões sobre emergências e convergências de idéias e ideais na direção de uma nova ciência moderna ». *Saúde e Sociedade*, vol. 14, n° 3, décembre 2005, p. 9-29.

[75] Edmund Husserl et Eugen Fink. *Die phänomenologische Philosophie Edmund Husserls in der gegenwärtigen Kritik*. Berlin : Pan-Verlagsgesellschaft, 1934.

Chew et Henry Stapp, ceux-ci l'encouragent à la faire connaître. Il publie progressivement à partir de 1982.

La transdisciplinarité vise à unifier les sciences exactes et les sciences humaines en intégrant la question du sujet, ce que la méthodologie des sciences modernes s'était refusée à faire depuis la méthodologie galiléenne, ce qui a eu pour conséquence d'amener la science à toucher ses propres limites.

Dans le Manifeste pour la transdisciplinarité[76], Nicolescu propose dès 1996 d'élaborer alors une **méthodologie transdisciplinaire à partir de trois axiomes**, parfois appelés *postulats* ou encore *piliers*, constitutifs :

- **D'abord l'axiome logique**, conçu en 1969, avec le principe de tiers inclus compris dans le prolongement de la dialectique de Hegel puis de la logique de Lupasco[77]. Comme l'explique Daniel Proulx[78], il a pour vocation « d'intégrer le contradictoire ou l'antagonisme, sans la contradiction, mais en ne l'abandonnant pas non plus ».

- **Puis l'axiome ontologique**, datant de 1982. Il est constitué de différents niveaux de réalité, concernant tant le monde des objets que celui des sujets. Il reprend les termes utilisés par Heisenberg dans son *Manuscrit de 1942*[79]. Il permet de comprendre « un réel encore voilé » qui dépasse les controverses habituelles de type moniste (cf. Parménide) *versus* atomiste (cf. Démocrite).

---

[76] Basarab Nicolescu. *La transdisciplinarité : manifeste*. Editions du Rocher, 1996.

[77] Stéphane Lupasco. *Le principe d'antagonisme et la logique de l'énergie*. Éditions du Rocher, 1951.

[78] Daniel Proulx (p. 172). « Les racines "imaginaires" de la transdisciplinarité ». *L'imaginaire durandien. Enracinements et envols en terre d'Amérique*, Presses de l'Université Laval, 2016, p. 169-181.

[79] Werner Heisenberg et Catherine Chevalley. *Le manuscrit de 1942*. Paris : Éditions Allia, 2018.

- Et enfin l'axiome épistémologique, datant des années 1980, qui englobe en particulier l'approche de la complexité particulièrement étudiée également par Edgar Morin[80].

Ces axiomes mobilisent plusieurs concepts tels que les zones de non-résistance[81] ; les logiques de tiers inclus[82] et de tiers caché[83], pour aboutir à une explication holistique et systémique du fonctionnement du monde avec la notion de *transréalité*[84].

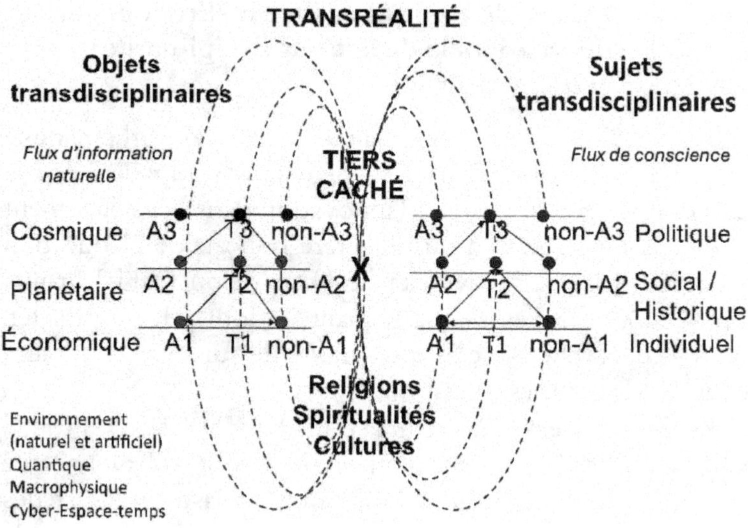

FIGURE 8. LA TRANSRÉALITÉ SELON BASARAB NICOLESCU (D'APRÈS PASQUIER, 2017)

80 Edgar Morin. *Introduction à la pensée complexe*. ESF, 1992.

81 Basarab Nicolescu. « Sociologie et mécanique quantique ». *3e Millénaire*, nº 1, avril 1982, p. 68-77.

82 Basarab Nicolescu. *Nous, la particule et le monde*. Le Mail, 1985.

83 Florent Pasquier. « Le Tiers-Caché : pour un nouveau paradigme en sciences humaines et sociales ». *Le tiers caché : dans les différents domaines de la connaissance*, L'Isle-sur-la-Sorgue : le Bois d'Orion, 2016, p. 171-76.

84 Basarab Nicolescu. *From modernity to cosmodernity: science, culture, and spirituality*. New York : State University of New York Pres, 2014.

Ce schéma met en relation les concepts précédents et montre leurs articulations : les oppositions apparentes des mondes des sujets et des objets sont résolues par le tiers inclus (T*n*) et l'articulation entre ces deux mondes passe par le concept du tiers caché. Il restait alors à échanger avec les communautés scientifiques intéressées sur la validité et l'intérêt de ces travaux depuis leurs débuts, en vue de leur discussion, de leur reconnaissance et de leur diffusion.

c. Étapes de reconnaissance institutionnelle internationale de la transdisciplinarité et de sa diffusion

En 1970, un séminaire sur la thématique « L'interdisciplinarité dans les universités », organisé par le Centre pour la recherche et l'innovation dans l'enseignement et avec la collaboration du ministère français de l'Éducation nationale, a lieu à l'université de Nice. Selon Daniel Proulx (op. cit.), plusieurs participants dont Jean Piaget, biologiste, psychologue et épistémologue suisse, y emploient le terme « transdisciplinarité ».

Le Groupe de réflexion sur la transdisciplinarité[85] est fondé en France en 1980, dans l'esprit du Cercle d'Eranos créé par Olga Fröbe-Kapteyn en 1933 pour favoriser en Suisse des rencontres entre l'Ouest et l'Est. Il se positionne dans la prolongation des réunions de chercheurs et de politiques du Groupe des Dix animées essentiellement par Jacques Robin de 1969 à 1976. Il est composé de personnalités telles Henri Atlan, Jacques Attali, Robert Buron, Jacques Delors, Gilbert Durand, Henri Laborit, Edgar Morin, René Passet, Joël de

---

[85] Brigitte Chamak. « Dossier : Le groupe des Dix, des précurseurs de l'interdisciplinarité – Science et politique : initiatives et influence du Groupe des Dix ». *Natures Sciences Sociétés*, vol. 27, nº 2, avril 2019, p. 137-46.

Rosnay, Michel Serres et d'autres. Gilbert Durand[86] y étudie par exemple le fondement de tous les savoirs : il cherche un ordre qui les transcende et les relie. L'Unesco sera le vecteur principal de la reconnaissance et de la diffusion des travaux qui découleront de ce groupe.

En 1986, un premier colloque organisé à Venise par l'Unesco et la fondation Cini aboutit à la « Déclaration de Venise »[87] qui utilise pour la première fois officiellement dans un document institutionnel le terme « transdisciplinarité ». Le communiqué final, intitulé : « La science face aux confins de la connaissance : le prologue de notre passé culturel », est signé par des représentants de 14 pays dont deux prix Nobel : Jean Dausset (France), prix Nobel de physiologie et de médecine, et Abdus Salam (Pakistan), prix Nobel de physique.

En 1991 le *Group on Transdisciplinarity* est cofondé par Basarab Nicolescu et René Berger sous l'égide de l'Unesco, en vue de mettre en dialogue les groupes de recherche et de travail internationaux en ce domaine, en lien avec des institutions internationales comme l'ONU. Un congrès de cette période aura ainsi pour titre : « Science et tradition : perspectives transdisciplinaires, ouverture vers le XXIe siècle »[88].

En 1994 se tient le premier congrès mondial de la transdisciplinarité à Arrabida (Portugal), sous l'égide de l'Unesco et de l'université de Lisbonne et avec le patronage du Conseil européen. La Charte de la transdisciplinarité[89] (annexe 1) y est adoptée. Son préambule indique vouloir faire face au « défi contemporain d'autodestruction matérielle et spirituelle de notre espèce ». Ses 14 articles définissent de

---

[86] Gilbert Durand. « L'imaginaire lieux de "l'entre-savoirs" ». *Champs de l'imaginaire*, Grenoble : Ellug, 1996, p. 215-227.

[87] https://ciret-transdisciplinarity.org/declaration_de_venise.php#fr/

[88] https://ciret-transdisciplinarity.org/science_et_tradition.php#fr

[89] https://ciret-transdisciplinarity.org/chart.php#fr

plusieurs manières ce qu'est et ce que n'est pas la transdisciplinarité, comme son article 5 :

> La vision transdisciplinaire est résolument ouverte dans la mesure où elle dépasse le domaine des sciences exactes par leur dialogue et leur réconciliation non seulement avec les sciences humaines mais aussi avec l'art, la littérature, la poésie et l'expérience intérieure[90].

En 1996 est établi le projet Ciret-Unesco « Évolution transdisciplinaire de l'université »[91].

En 1997 le congrès international de Locarno (Suisse), sponsorisé par l'Unesco et le gouvernement du canton de Ticino, adopte le texte « Quelle université pour demain ? » qui promeut la transdisciplinarité comme principe directeur pour la recherche et l'enseignement[92].

En 2000 se tient le congrès international « *Transdisciplinarity: Joint Problem Solving among Science, Technology, and Society. An Effective Way for Managing Complexity* »[93], à Zurich.

En 2005, le deuxième congrès mondial de la transdisciplinarité est organisé au Brésil par le Centre d'éducation transdisciplinaire (Cetrans) de l'université de São Paulo, la commission nationale Unesco du Brésil et le Ciret. Le « Message de Vila Velha/Vitória »[94] y est délivré. Nous retenons particulièrement ces conclusions, au regard de notre objectif présent :

> Dans ses dimensions d'attitude, de recherche et d'action, la transdisciplinarité (…) ouvre la discussion sur l'aspect trans-religieux du sacré (…) ; propose de promouvoir la santé

---

[90] Notons que dans la version anglaise, « expérience intérieure » est traduit par « *spiritual experience* ».

[91] http://ciret-transdisciplinarity.org/projet_ciret_unesco.php#fr

[92] https://ciret-transdisciplinarity.org/congres_de_locarno.php#fr

[93] https://link.springer.com/book/10.1007/978-3-0348-8419-8

[94] https://www.tercercongresomundialtransdisciplinariedad.mx/wp-content/uploads/2019/09/MESSAGE-DE-VILA-VELHA-et-VITORIA.pdf

individuelle, collective et le bien-être de l'homme dans sa « multidimensionnalité » en reconnaissant et en articulant ses différents niveaux physique, émotionnel, mental et spirituel.

De 2020 à 2021, le troisième congrès mondial de la transdisciplinarité, tenu en ligne depuis Mexico, a produit une déclaration[95] dont deux de ses 15 articles précisent les objectifs que se donne la transdisciplinarité en matière de spiritualité.

> Article 7. (…) (La) stratégie de convergence propre à la transdisciplinarité mobilise les acteurs, les langages, les épistémologies, les théories, les savoirs, les pratiques de terrain et les pratiques scientifiques portant sur la nature, les cultures, les arts, les littératures, les sociétés, les religions, les spiritualités...

> Article 9. (…) La transdisciplinarité crée de nombreuses prises de conscience, facilite la réflexion et interprète nos observations internes et externes (…) Elle exprime et renforce les dimensions épistémiques, corporelles et spirituelles, émotionnelles et affectives, politiques, rhétoriques, poétiques, artistiques et philosophiques de l'être humain.

En 2023 est produit, à l'issue d'un colloque international, le « Message de Montréal » intitulé : « Transdisciplinarité et évolution des savoirs : fondements et pratiques »[96]. Il approfondit la question de la distinction entre intelligences naturelles et artificielles et leurs conséquences.

Notons pour finir que la vision, l'esprit et la méthodologie transdisciplinaires infusent également d'autres textes de portée internationale depuis la fin du siècle dernier, même si ce terme n'y est pas systématiquement utilisé. A titre d'exemples, citons la Déclaration de Vancouver de 1989 : « Science et culture pour le XXIe siècle : un programme de

---

[95] https://ciret.hypotheses.org/files/2024/03/DECLARATION-MEXICO_FR_2024-03-01.pdf

[96] https://innovationsocialeusp.ca/crits/blogue/transdisciplinarite-et-evolution-des-savoirs-le-message-de-montreal?

survie »[97], ou encore en 1995 le colloque « Science et culture : un chemin commun vers l'avenir », qui a abouti à la rédaction du « Message de Tokyo »[98] prônant « une nouvelle conception de l'unité dans la diversité ».

Abordons maintenant ce qu'il en est de nos jours.

d. Diversité contemporaine de la transdisciplinarité

La présence du terme « transdisciplinarité » aux niveaux national et international s'acte désormais dans des articles et des ouvrages scientifiques dans tous les domaines, comme en linguistique[99] ou en santé[100].

La transdisciplinarité peut aussi apparaître parfois aux côtés de termes comme ceux de « complexité »[101], « systémique »[102], « système »[103] ou même « systèmes de

---

[97] https://www.tercercongresomundialtransdisciplinariedad.mx/wp-content/uploads/2022/12/DECLARATION-DE-VANCOUVER.pdf

[98] https://www.tercercongresomundialtransdisciplinariedad.mx/wp-content/uploads/2022/12/LE-MESSAGE-DE-TOKIO.pdf

[99] Julieta Haidar et Graciela Sánchez Guevara. « La producción y reproducción en las prácticas semiótico-discursivas ». Escuela Nacional de Antropología e Historia, Instituto Nacional de Antropología e Historia, 2011.

[100] Michaël Zicola. « Handicap et transdisciplinarité. Une recherche "tout azimut" ». *Le portique*, vol. 5, 2007, https://journals.openedition.org/leportique/1384.

[101] Jean-Louis Le Moigne. *Exercices citoyens de veille épistémologique en bonne intelligence de la complexité.* L'Harmattan, 2014 ; ou encore Marina Apgar et al. « Building Transdisciplinarity for Managing Complexity: Lessons from Indigenous Practice ». *The International Journal of Interdisciplinary Social Sciences: Annual Review*, vol. 4, nº 5, 2009, p. 255-70.

[102] Daniel Durand. *La systémique.* 13e édition, Paris : Presses universitaires de France, 2017.

[103] Georges Lerbet. *Système, personne et pédagogie : une nouvelle voie pour l'éducation.* ESF, 1993.

systèmes »[104]. En effet, le troisième axiome transdisciplinaire, la complexité, intègre ces concepts, les actualise et les dépasse.

Plusieurs qualificatifs et domaines peuvent ainsi précéder ou suivre le mot « transdisciplinaire » (qu'on écrira ici « TD ») pour préciser son champ d'action.

Regroupons-les en trois grandes catégories du concept (l'esprit) à sa mise en œuvre, en passant par les modalités (recherche et enseignement) :

- **Esprit transdisciplinaire :** pensée TD[105], approche TD[106], regard TD[107], chemin TD[108], compréhension TD[109],

---

[104] Ludwig von Bertalanffy et Jean-Benoist Chabrol. *Théorie générale des systèmes : physique, biologie, psychologie, sociologie, philosophie.* Dunod, 2012 ; ou aussi Freddy Kamdem et Dominique Lenne. « On the Systems Engineering Process of some Systems (of Systems) ». *2018 13th Annual Conference on System of Systems Engineering (SoSE)*, IEEE, 2018, p. 425-30.

[105] Michel Random. *La pensée transdisciplinaire et le réel*, textes et entretiens, suivis d'un hommage à Stéphane Lupasco. Éd. Dervy, 1997.

[106] Maria Flora Mangano. « Relationship as a Space "in between". A Transcultural and Transdisciplinary Approach to Academic Teaching Mediated by Dialogue ». Università degli studi di Bergamo, 2018.

[107] Gérard Gigand. *Ingénierie du regard transdisciplinaire - L'événement entre incomplétude, autoréférence et indétermination.* Paris : L'Harmattan, 2007.

[108] Richard Welter. « Transdisciplinarité : un chemin vers la paix : actes du troisième congrès Science et conscience, Strasbourg, 16 au 18 mai 2003 ». Rencontres internationales Science et conscience, Éds. Fbv pour le Cnrs, 2005.

[109] Elvio Galati. « Los comités hospitalarios de bioética: una comprensión trialista y transdisciplinaria desde el derecho de la salud ». 1a ed, UAI Editorial, 2015.

pari TD[110], réflexion TD[111]; *global transdiscipline*[112], *T-D Habits of Mind*[113] ;

- Recherche et enseignement transdisciplinaires : apprentissage et études TD[114], pédagogie et apprentissage TD[115], *TD learning*[116], éducation TD[117], *TD graduate Education*[118],

---

110 Jean-Paul Resweber. *Le pari de la transdisciplinarité : vers l'intégration des savoirs*. L'Harmattan, 2000.

111 Javier Collado Ruano. « Filosofía Cosmoderna : Reflexiones Transdisciplinares sobre Naturaleza, Ciencia y Religión ». *Revista de Ciencias de las Religiones*, vol. 23, 2018, p. 57-80.

112 Alonso Aguirre et Bruce A. Wilcox. « EcoHealth: Envisioning and Creating a Truly Global Transdiscipline ». *EcoHealth*, vol. 5, n° 3, septembre 2008, p. 238-39.

113 Punya Mishra et al. « The Seven Trans-Disciplinary Habits of Mind: Extending the TPACK Framework Towards 21st Century Learning ». *Educational Technology*, vol. 51, n° 2, 2011, p. 22-28.

114 http://www.theatlas.org

115 Sue McGregor. « Transdisciplinary Pedagogy and Learning ». *International Conversations of Teacher Educators: Teaching and Learning in a Global World*, par Mary Jane Harkins et Zhanna Barchuk, 2014, p. 1-17.

116 Sarah Wall et Irene Shankar. « Adventures in transdisciplinary learning ». *Studies in Higher Education*, vol. 33, n° 5, october 2008 ; Stahl, Cynthia, et al. « Toward Sustainability: A Case Study Demonstrating Transdisciplinary Learning through the Selection and Use of Indicators in a Decision-Making Process ». *Integrated Environmental Assessment and Management*, vol. 7, n° 3, 2011 ; Ji-Yong Park et Jeong-Bae Son. « Transitioning toward Transdisciplinary Learning in a Multidisciplinary Environment ». *International Journal of Pedagogies and Learning*, vol. 6, n° 1, janvier 2010. *Taylor and Francis+NEJM.*

117 Maria Da Conceição de Almeida. « Ecologia da Ciência, ética da diversidade e educação transdisciplinar ». *Desenvolvimento e Meio Ambiente*, vol. 18, décembre 2008.

118 Sharon Derry. « Transdisciplinary Graduate Education ». *Symposium Socio-Technical Design for Lifelong Learning: A Crucial Role for Graduate Education*, Symposium Socio-technical Design for Lifelong Learning: A Crucial Role for Graduate Education, 2006, p. 29.

TD higher Education[119], *Academy Of TD Education And Research*[120], *TD research*[121], ingénierie éducative TD[122], compétences TD[123] ;

- mise en œuvre transdisciplinaire : ingénierie et sciences TD[124], travail TD[125], méthodologie TD[126], *TD Engineering Education And Research Model*[127], concept TD[128], stratégie TD[129], maillage TD[130].

---

119 Paul Gibbs. Transdisciplinary higher education: a theoretical basis revealed in practice. Springer Berlin Heidelberg, 2017.

120 Atila Ertas. « The Academy Of Transdisciplinary Education And Research (ACTER) », *Journal of Integrated Design & Process Science*, vol. 4, n° 4, dec. 2000, p. 13-19. *ACM Digital Library*.

121 Christian Pohl. « What is progress in transdisciplinary research? » *Futures*, vol. 43, n° 6, août 2011, p. 618-26. *ScienceDirect*.

122 Atila Ertas et al. « Transdisciplinary Engineering Education And Research Model ». *Journal of Integrated Design & Process Science*, vol. 4, n° 4, 2000, p. 1-11. *ACM Digital Library*.

123 Javier Collado-Ruano et al. « Education and Good-Living: Transdisciplinary Skills for Teachers´ Training ». *Athenea Digital. Revista de pensamiento e investigación social*, vol. 19, n° 3, septembre 2019.

124 https://web.archive.org/web/20190703173245/http://atlas-journal.org

125 Gérard Salem. « Transdisciplinarité et intersubjectivité ». *Gazette de la CIMI : deuxième parution*, 2008.

126 P. Galvani. « Quelle formation pour les formateurs transdisciplinaires ? Éléments pour une méthodologie réflexive et dialogique ». *Présences, revue transdisciplinaire d'étude des pratiques psychosociales*, n° 9, 2016, p. 01-25.

127 Atila Ertas. « The Academy Of Transdisciplinary Education And Research (ACTER) ». *Journal of Integrated Design & Process Science*, vol. 4, n° 4, décembre 2000, p. 13-19. *ACM Digital Library*.

128 Jean Frayssinhes. « La mathétique : concept transdisciplinaire de l'apprentissage sur les réseaux numériques ». *Présences, revue transdisciplinaire d'étude des pratiques psychosociales*, vol. 8, 2016, p. 01-33.

129 Irina Kolesnikova. Stratégie transdisciplinaire de la recherche sur l'éducation permanente. Ciret, 2018.

130 Anne-Claire Dobrzynski et Albert Ciccone. « Maillage transdisciplinaire et fonction contenante : clinique de la violence à l'adolescence ». *Dialogue*, vol. n° 218, n° 4, 2017, p. 125-40.

e. Exemples d'utilisations en recherche, formation, santé

Dès 1994, toujours selon Daniel Proulx (op.cit.), le choix d'une méthodologie transdisciplinaire apparaît en tâche de fond et de façon récurrente dans les premiers programmes de développement durable de l'UNESCO.

Désormais largement théorisée et conscientisée, passant de la lettre à l'esprit, elle devient selon les circonstances un concept pouvant être mobilisé de façon située, comme dans cette schématisation :

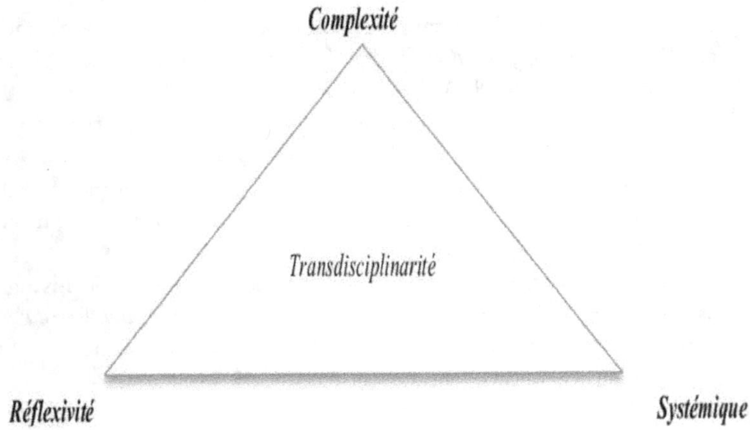

FIGURE 9. LE TRIANGLE DE LA TRANSDISCIPLINARITÉ (DIEMER ET MARQUAT, 2014) [131]

Ces deux auteurs dressent un cadre conceptuel de la transdisciplinarité introduit par trois principes (les côtés du triangle) qui en soulignent l'aspect scientifique tout en ouvrant, disent-ils, à « la possibilité d'une multitude de réalités » et à « la réhabilitation du monde des sensations ».

[131] Arnaud Diemer et Christel Marquat. *Éducation au développement durable : enjeux et controverses.* 1re édition, De Boeck, 2014.

En France, si le terme « transdisciplinarité » est désormais de plus en plus utilisé dans le domaine de la recherche, il l'est généralement de façon assez multivoque, comme le montrent ces deux exemples :

- Le « Programme de recherche transdisciplinaire 13 novembre »[132] organisé par l'Ina (Institut national de l'audiovisuel), l'Equipex Matrice et l'université Paris I Panthéon-Sorbonne. Il « étudie (pour une période de 12 ans) la construction et l'évolution de la mémoire après les attentats du 13 novembre 2015, tout en pensant l'articulation entre mémoire individuelle et mémoire collective ».

- Plusieurs séminaires de l'Institut méditerranéen de recherches avancées (IMéRA[133]), comme au sein du cycle Recherche, art, pratiques numériques : « ce séminaire transdisciplinaire s'intéresse aux perturbations productives que génèrent les collaborations entre les chercheurs en sciences humaines et les artistes dans le domaine du numérique ». Ou encore dans le cadre du théâtre forum « Rencontres transdisciplinaires ».

Et aussi le programme Biomorphisme dédié aux approches sensibles et conceptuelles des formes du vivant, avec « la morphogenèse comme champ d'étude transdisciplinaire ».

Cependant, bien qu'historiquement et essentiellement élaborées depuis l'espace européen, francophone et même français, c'est pourtant hors Hexagone que les utilisations pratiques de la transdisciplinarité ont le plus souvent essaimé et ont été mises en œuvre, à des échelles institutionnelles de grande envergure. En Espagne, le Groupe de recherche transdisciplinaire (Gret) de la faculté d'éducation de l'Université autonome de Barcelone avait fondé un parcours

---

[132] www.memoire13novembre.fr

[133] https://imera.univ-amu.fr

transdisciplinaire[134], à destination des étudiants de première année inscrits en « Société, sciences et culture » :

> Ce parcours est construit à partir des théories du labyrinthe, des macro-concepts et du design des constellations. Il se base sur la narration (P. Ricœur), la fusion des horizons (Gadamer), les métaphores visuelles et les expériences de vie (G. Lakoff et M. Johnson). (nous traduisons).

En Suisse, le Centre de consultation interdisciplinaire de la maltraitance infantile (Cimi) exposait, à la fin des années 2000, dans l'éditorial « Transdisciplinarité et intersubjectivité » de sa *Gazette électronique*[135] que :

> La transdisciplinarité est devenue de nos jours une nécessité évidente dans la plupart des domaines de pointe de la recherche. En médecine, en biosciences, dans les sciences cognitives, en ingénierie, dans les nanotechnologies, comme en philosophie, en éthique, en sociologie (...). Dans la stratégie *multidisciplinaire*, l'enfant est au centre (...). Aucun (professionnel) n'a cure de ce que pensent les autres (...). La stratégie *interdisciplinaire* (...) identifie et reconnaît le cloisonnement entre les domaines et les intervenants (...) qui s'efforcent d'unifier (le projet thérapeutique) pour l'enfant, mais paradoxalement en l'oubliant. Dans la stratégie *transdisciplinaire*, (il) est sollicité comme sujet (...) et non objet de soin. Nous nous retrouvons donc en présence d'une *intersubjectivité herméneutique.*

En Argentine, le Conseil national de la recherche scientifique et technique, garant du droit de la santé, élabora en 2011 une méthodologie transdisciplinaire pour créer des comités d'éthique hospitalière et clinique, lieux de dialogue entre médecins et patients dans un espace balançant entre

---

[134] http://ciret-transdisciplinarity.org/ARTICLES/ergt.pdf ; approche poursuivie de nos jours : https://www.uab.cat/web/detalle-noticia/experiencias-docentes-sobre-la-ensenanza-transdisciplinar-1345680342040.html?noticiaid=1345846528216

[135] http://www.gerardsalem.com/cimi/webserv/webmod/getnewsletter-id=784.cfm.html

autorité et bienveillance. Elle fut construite en lien avec la théorie trialiste, encore appelée trialectique[136].

Les fondements ontologiques de cette dernière, selon Elvio Galati, sont la matérialité et l'idéalité[137], là où le trialisme, « théorie juridique unique (…) mais multidimensionnelle (…) » est une « application (catégorielle) de la pensée transdisciplinaire (en rapport) avec la pensée complexe »[138]. Cet auteur qui mobilise également la dimension du sacré précise « que l'on peut (la) remplacer par le spirituel ». Il la relie pour cela à la notion de tiers inclus pour l'unifier avec le concept de niveaux de réalité.

Notons que Basarab Nicolescu ne s'exprime généralement pas de cette façon concernant la question du sacré, qu'il placerait plutôt dans le tiers caché : il préfère la plupart du temps mobiliser à la place les concepts de la conscience et également du spirituel. L'objectif d'Elvio Galati vise à construire un espace permettant d'accueillir l'incertitude des situations médicales, afin qu'une norme déontologique y surgisse par la délibération collective et l'autoréflexion.

f. Liens entre transdisciplinarité, ontologie, religion et spirituel

La figure 2 *MacDonald's dimensions of spirituality* vue en introduction montrait comment les spiritualités émergent comme expression du tiers caché en fonction des cultures et

---

[136] Voir par exemple Roger Nifle : « La trialectique sujet objet projet. Les structures de l'expérience et de l'existence humaine. » *Le Journal Permanent de l'Humanisme Méthodologique*, 1996, ou encore Gérard Gigand : *Se cultiver en complexité : la trialectique, un outil transdisciplinaire.* Chronique sociale, 2010.

[137] Op. cit.

[138] Elvio Galati. « Compréhension transdisciplinaire et trialiste des comités d'éthique cliniques ». *Pratique de la transdisciplinarité*, 2011, p. 4 et 8.

des religions considérées. Basarab Nicolescu[139] a ainsi pu mettre au point une « herméneutique transdisciplinaire » transcendant le débat, qu'il estime être sans fin, entre *homo economicus* et *homo religiosus*.

Lors d'un entretien où nous avions proposé de résumer le but de la transdisciplinarité comme étant l'étude de la conscience, il avait aussitôt ajouté « et de la spiritualité ». La transdisciplinarité est ainsi un premier apport qui permet d'expliquer le spirituel.

g. Du monde des objets vers celui des sujets

Hors du monde profane, Felix Gmür[140] observait que l'encyclique *Laudato si'* de 2015 du pape François utilisait une dizaine de fois l'expression « tout est lié ». C'est ce même esprit d'intégration et d'interaction que celui de la transdisciplinarité qui est ainsi invoqué.

Ce premier cheminement nous conduit nécessairement à questionner la dimension de la conscience, généralement mise en relation avec la tradition et la spiritualité[141] mais également amplement étudiée par les sciences dites dures ou exactes[142]. Elle mobilise ainsi les travaux de scientifiques comme Jean-Pierre Gerbaulet[143], ancien de Supélec en option physique

---

139 Basarab Nicolescu. « Methodology of Transdisciplinarity – Levels of Reality, Logic of the Included Middle and Complexity ». *Transdisciplinary Journal of Engineering & Science*, vol. 1, nº 1, décembre 2010, p. 19-38.

140 Felix Gmür. *Lettre encyclique* Laudato si' *du Saint-Père François sur la sauvegarde de la maison commune*. Éditions Saint-Augustin, 2015.

141 Comme par Pierre Teilhard de Chardin dans ses ouvrages tels *Le phénomène humain*, Éditions du Seuil, 1955, ou encore *Hymne de l'Univers : la Messe sur le monde ; trois histoires comme Benson ; la puissance spirituelle de la matière*. Éditions du Seuil, 1919.

142 Comme par David Bohm et al., *La conscience et l'univers*, Éd. du Rocher, 1990, ou encore Philippe Guillemant et Jocelin Morisson, *La physique de la conscience*, Éd. Trédaniel La Maisnie, 2015.

143 Jean Pierre Gerbaulet et Marc Henry. « The 'Consciousness-Brain' Relationship ». *Substantia*, 2019, p. 113-18.

nucléaire et président de l'institut de recherche N'Light dédié aux « médecines traditionnelles et non conventionnelles sur les énergies du monde du vivant : énergie vitale et énergie Psi (ou mentale) associées à la conscience » ou encore Michel Bitbol[144] du Cnrs[145]. La notion de conscience est donc une clé permettant de comprendre la logique des « niveaux de réalité » tels que nous les avons vus appliqués dans le monde des objets.

Nous allons ainsi pouvoir maintenant les étudier dans les dimensions de la psyché, avec les approches transpersonnelles, pour mettre en synergie monde des objets et monde des sujets afin de poursuivre notre compréhension du spirituel.

---

[144] Michel Bitbol. *La conscience a-t-elle une origine ? Des neurosciences à la pleine conscience : une nouvelle approche de l'esprit.* Flammarion, 2014.

[145] https://lejournal.cnrs.fr/conscience

Chapitre 3

Le transpersonnel

Forcé de parcourir la route où je suis entré sans le savoir, comme j'en sortirai sans le vouloir, je l'ai jonchée d'autant de fleurs que ma gaieté me l'a permis ; encore je dis ma gaieté, sans savoir si elle est à moi plus que le reste, ni même quel est ce Moi dont je m'occupe.

Figaro, scène 3 acte V, *Le Mariage de Figaro*
Beaumarchais (1732-1799)

Moment de vie #5 : les maîtres invisibles

Le professeur Marc-Alain Descamps m'avait proposé de prendre sa suite en 2014 à la présidence de l'Association française du transpersonnel (AFT) qu'il avait fondée en 1985. Après un court mandat, j'avais accepté de démissionner de cette fonction à la demande du conseil d'administration, mal préparé à mon arrivée, tout en restant membre du CA. J'ai, lors de mon mandat, conçu et organisé le congrès annuel de l'association de 2015 en choisissant pour thème : « La voie transpersonnelle en éducation. De l'enfant à l'adulte, de l'ego au Soi » (programme en annexe 2)[146] puis j'ai participé au congrès suivant sur le thème « Amour et amitié aujourd'hui (les liens humains sont les fondements de l'équilibre individuel et social. Comment les développer en couple et autour de

[146] J'y ai donné cette communication : « La voie transpersonnelle en éducation : de la 5e colonne au 6e sens », *Bulletin de l'Association française du transpersonnel*, n° 118, 2015, p. 16-24.

soi ?) »[147] et à celui de 2019 qui s'est tenu en hommage à son fondateur entre-temps disparu.

Marc-Alain Descamps était l'un des rares universitaires français à s'être intéressé et à (pouvoir ?) enseigner la psychologie transpersonnelle, à l'université Paris V. Sa méthode, expliquée en confidence après son départ en retraite, était la suivante : « Je faisais d'abord le programme officiel (Freud et Lacan) et ensuite je disais : " Maintenant parlons des choses sérieuses" » et il abordait alors le transpersonnel. Comme d'autres enseignants-chercheurs faisant le lien entre les savoirs livresques et la vie vécue, il avait en parallèle à son enseignement et à ses recherches de nombreuses autres activités : rencontres, cercles, groupes, associations, institut privé de formation transpersonnelle, formation de psychanalystes spirituels, cours de hatha yoga, de yoga nidra…

Il donnait également régulièrement des conférences sur « la vie intérieure » en binôme avec Marie-Madeleine Davy, chargée de recherche médiéviste au Cnrs. Marc-Alain Descamps commençait avec des approches conceptuelles et intellectuelles puis, disait-il, Marie-Madeleine Davy, inspirée, devenue canal, poursuivait « par le cœur et l'âme. Et toute la salle pleurait alors d'entendre un discours d'amour et de vérité ».

René Barbier, à Paris VIII, proposait quelque chose d'approchant dans ces mêmes domaines en faisant appel à l'étude des enseignements de Krishnamurti. Il valorisait les arts en illustrant de ses créations graphiques numériques ses écrits académiques et surtout il promouvait l'écriture poétique, à la façon de René Char, ainsi par exemple pour la

[147] Pasquier, Florent. « Dans nos sociétés de rentabilité, quelle place pour l'amour et l'amitié transpersonnelles ? » *Bulletin de l'Association française du transpersonnel*, nº 122, 2016, p. 20-25.

création de l'Université coopérative de Paris (UCP) en 2014.

Ces enseignants-chercheurs s'étaient pleinement approprié les prérogatives des libertés académiques au sein de leurs établissements. Ils les faisaient rayonner à l'extérieur pour ensuite rapporter dans l'enceinte universitaire ce que cela avait produit au dehors. Cette pratique les rendait extrêmement vivants, curieux et tenus dans une attitude généralement liée au partage. D'aucuns les reconnaissaient alors comme « maîtres » ou même comme « pères spirituels ».

Commençons ce chapitre en consultant un autre artifice d'intelligence (Poe) que nous interrogeons ainsi : « Quels sont les liens entre quantique et psychologie transpersonnelle au regard du spirituel ? (en 15 lignes) ». Peu satisfait d'une première réponse qui plaçait ces deux domaines en équivalence, alors que nous souhaitions une présentation chronologique, nous avons affiné notre requête : « Précise comment on passe du quantique au transpersonnel ». Voici la réponse finale :

> Le passage du quantique au transpersonnel se fait par plusieurs étapes conceptuelles qui relient les idées fondamentales de la physique quantique à celles de la psychologie transpersonnelle.
>
> 1. **Interconnexion** : La physique quantique révèle que toutes les particules sont interconnectées à un niveau fondamental. Ce principe de non-localité suggère que des événements distants peuvent être liés, ce qui encourage une vision du monde où tout est interconnecté. Cette idée résonne avec la psychologie transpersonnelle, qui considère l'individu comme partie intégrante d'un tout plus vaste, transcendant les frontières personnelles.
> 2. **Expansion de la conscience** : Les découvertes quantiques remettent en question notre perception de la réalité. De même, la psychologie transpersonnelle explore des états de conscience élargis, permettant aux individus de dépasser leur ego. Cette expansion de la conscience peut être inspirée par

la compréhension quantique de la réalité comme étant fluide et dynamique.

3. **Nature de la réalité** : La physique quantique suggère que l'observation influence la réalité. Cela fait écho aux idées transpersonnelles selon lesquelles nos croyances et perceptions peuvent façonner nos expériences spirituelles. Ainsi, la manière dont nous percevons le monde peut être influencée par une compréhension quantique de l'interaction entre l'observateur et l'observé.
4. **État de conscience modifié** : Les expériences mystiques ou spirituelles, souvent étudiées en psychologie transpersonnelle, peuvent être interprétées à travers le prisme quantique. Ces états modifiés de conscience peuvent être vus comme des accès à des dimensions de réalité qui ne sont pas visibles dans l'état conscient normal, similaires aux phénomènes quantiques.
5. **Unité et transcendance** : Enfin, les deux domaines convergent sur la notion d'unité. La physique quantique postule une réalité unifiée, tandis que la psychologie transpersonnelle cherche à aider les individus à réaliser leur connexion avec l'univers. Ce cheminement vers l'unité et la transcendance est au cœur des deux disciplines.

En somme, la transition du quantique au transpersonnel se fait par une exploration approfondie des notions d'interconnexion, de conscience élargie, et de nature de la réalité, offrant une compréhension riche et intégrée de l'expérience spirituelle.

Nous voyons ici apparaître certaines des thématiques précédemment abordées, ainsi que de nouvelles, que nous allons maintenant explorer à notre manière, celle d'un chercheur équipé d'un cerveau humain.

a. Sources et émergence du transpersonnel

Pour Marc-Alain Descamps (1930-2018), ce domaine correspond

> (…) à une réalité très ancienne (existant) depuis des siècles dans tout le travail des mystiques d'Orient et d'Occident (…) depuis Plotin, Proclus, Jamblique et le Pseudo-Denys l'Aréopagite, puis se développe avec l'école anglaise (le nuage d'inconnaissance), allemande (d'Hildegarde de Bingen aux Béguines jusqu'à Maître

> Eckhart et son école : Suso, Tauler, Jacob Boehme, Angélus Silésius...), espagnole (Ibn Arabi et les soufis d'Andalousie, Jean de la Croix et Thérèse d'Avila), italienne (les Fioretti, Catherine de Sienne), grecque (Hésychasme et mont Athos), russe (Séraphim de Sarov) et française (Marguerite Porette, François de Salle (sic), Madame Guyon, Thérèse de Lisieux)...[148].

Dans un de ses ouvrages, David Boucaud[149] voit les prémisses de la psychologie transpersonnelle dans les travaux du philosophe Théodore Jouffroy (1796-1842), au début du XIXe siècle :

> La psychologie spiritualiste pose le postulat d'une intelligence libre qui surdétermine la volonté. Selon Jouffroy, cette volonté est une caractéristique de l'esprit humain, dont l'objet est la découverte de sa finalité en tant qu'être. Car tout a une finalité, et c'est par l'observation et la raison que l'on y parvient. (L'observation et la raison) permettent de parvenir à la connaissance absolue, qu'il définit comme étant le vrai, le beau et le bien moral (...). Les recherches portant sur la psychologie spiritualiste ont connu de nombreux détracteurs, au rang desquels (...) Auguste Comte. Mais, contemporain de Jouffroy, Louis Bautain (1796-1867) (...) dans le titre 2 de son chapitre 1 sur la psychologie expérimentale, écrit : " Le monde spirituel est réglé par des lois comme le monde matériel ".

Nous observons dans cet extrait que, comme pour la transdisciplinarité, la psychologie transpersonnelle a trouvé les éléments de sa croissance dans la patrie des Lumières. Il peut sembler paradoxal de voir Auguste Comte s'y opposer, lui qui avait fondé, au nom de la raison, une nouvelle religion ne faisant référence à aucun dieu transcendant. Appelée « religion de l'Humanité » et servie par « l'Église positiviste », elle est encore active de nos jours, surtout au Brésil. Ceci nous rappelle également que peu de temps avant Jouffroy, la rédaction du préambule de la Déclaration des droits de

---

[148] Voir https://web.archive.org/web/20230928135645/http:/www.europsy.org/aft/pg131.html. Une partie des éléments de ce chapitre provient de ce site, complétés, rectifiés et mis à jour par nos soins.

[149] *Psychologie spiritualiste*. Éditions universitaires européennes, 2018, p. 104.

l'homme et du citoyen de 1789 avait été placée sous les « auspices de l'Être suprême », sorte de remplaçant laïc du Christ. Robespierre en avait imposé la fête dans la lignée du déisme de Voltaire (1694-1778) et de Rousseau (1712-1778).

Mais artisan malgré lui, selon certains analystes[150], de la Grande Terreur, période lors de laquelle eurent lieu 40 000 exécutions en sept semaines dans toute la France, nous pouvons nous demander si les moyens employés, pour le moins radicaux, étaient congruents avec les fins poursuivies.

Nous notons également la référence que fait Jouffroy à l'idéal de Platon (rechercher le vrai, le bien, le beau) et l'idée, ainsi que voulait le faire Bautain, de mettre à jour les règles de fonctionnement d'un monde appelé « spirituel », tout comme la transdisciplinarité le fera plus tard dans le domaine du monde matériel. Dans ces démarches, transdisciplinarité et transpersonnel sont directement liés, comme l'avers et le revers d'une même médaille.

Il est communément admis[151] que ce fut finalement le médecin-psychiatre suisse Carl Gustav Jung qui utilisa le premier le terme allemand *überpersönlisch*, correspondant à « au-dessus du personnel », dans un discours portant sur l'inconscient et situé dans la lignée des travaux de Freud[152]. Ce discours a été retranscrit en 1916 dans un article intitulé : « Sur la psychologie de l'inconscient. V : l'inconscient personnel et collectif (ou transpersonnel) »[153].

---

150 Marisa Linton. « Robespierre et l'authenticité révolutionnaire ». *Annales historiques de la Révolution française*, n° 371, mars 2013, p. 153-173.

151 Pascale et Marc Polizzi. *Le transpersonnel.* Lulu Com, 2013.

152 Muriel Rojas (Coord.). Le patrimoine des transPÈRESonnels : théories et perspectives apportées par les travaux d'Assagioli, Jung, Maslow, Grof, Wilber et Descamps. CFPT (Collège francophone de psychothérapie transpersonnelle), 2018, p. 2.

153 https://cgjungfrance.com/2006/04/deux-essais-de-psychologie/

Le mot « transpersonnel » réapparaît ensuite 33 ans plus tard, en 1949, dans le mouvement personnaliste[154] d'Emmanuel Mounier[155] :

> La personne est donc, en définitive, mouvement vers un transpersonnel, qu'annoncent à la fois l'expérience de la communion et celle de la valorisation.

b. Courants constructeurs et auteurs

Plusieurs noms de pionniers se sont particulièrement démarqués dans les années 1960 et plus avant. Nous pouvons les regrouper selon leurs domaines d'étude et selon les sources qui les ont inspirés pour participer à la compréhension et à la construction de ce qui deviendra le transpersonnel[156]. Il est à noter que plusieurs de ces auteurs pourraient être classés dans plusieurs de ces champs. Nous avons choisi pour chacun une seule catégorisation, sauf exception, afin d'éviter des redondances.

Sagesses asiatiques

Les philosophies venant « des Indes » et de l'Asie ont influencé fortement plusieurs personnalités qui s'en sont emparées : Carl Gustav Jung concernant les traditions orientales, les archétypes, l'inconscient collectif, le *self* et les synchronicités[157] ; Wilhelm Reich[158] avec la bio-énergétique et

---

154 Bertrand d'Astorg. *Le Personnalisme d'Emmanuel Mounier, hier et demain. Pour un cinquantenaire.* Paris : Seuil, 1985.

155 Emmanuel Mounier. *Le personnalisme.* Paris : Presses universitaires de France, 1949, p. 89.

156 Cyrille Champagne et al. *Psychologie transpersonnelle et états modifiés : histoire, recherches, applications thérapeutiques.* Paris : Enrick B. éditions, 2021.

157 Richard Durastante. « Les synchronicités : comment C.G. Jung a influencé la thérapie familiale psychanalytique ». *Psychothérapies*, vol. 38, nº 3, 2018, p. 189-98.

158 Wilhelm Reich, et Pierre Kamnitzer. *La Superposition cosmique.* Payot & Rivages, 1999.

le lien avec le cosmos ; Aldous Huxley[159] avec la liaison entre religion et spiritualité ; Fritz Perls[160] avec la Gestalt ou psychologie de la forme ; Roberto Assagioli[161] avec l'étude de l'influence théosophique, la motivation et la personnalité, la psychosynthèse et le supraconscient.

Chamanisme

Il est surtout étudié dans ses manifestations sud et nord-américaines : Michael Winkelman[162] avec la neurologie écologique du chamanisme, Richard Evans Schultes[163] et Gordon Wasson[164] avec l'utilisation rituelle de plantes hallucinogènes, Aldous Huxley et Jules Castier[165] avec les psychotropes et le mysticisme, Mircea Eliade[166] avec le lien entre chamanisme et extase, Michael Harner[167] et le néo-chamanisme, Joseph Campbell[168] avec la voie du héros et le dépassement de soi.

---

159 Aldous Huxley et al. Dieu et moi. Essais sur la mystique, la religion et la spiritualité. Éd. du Seuil, 2001.

160 Martin Shepard. Le père de la Gestalt : dans l'intimité de Fritz Perls. Stanké, 1980.

161 Roberto Assagioli. *Psychosynthèse : principes et techniques.* Desclée de Brouwer, 1965. Ou encore Roberto Assagioli. *Le développement transpersonnel.* Desclée de Brouwer, 1994.

162 Michael Winkelman. *Shamanism: the neural ecology of consciousness and healing.* Bergin & Garvey, 2000.

163 Richard Evans Schultes. *Ethnobotany: Evolution of a Discipline.* 1re. éd. Chapman & Hall, 1995.

164 Terence K. McKenna et al. *The sacred mushroom seeker : tributes to R. Gordon Wasson.* Park Street Press, 1997.

165 Aldous Huxley et Jules Castier. *Les portes de la perception.* Éd. du Rocher, 1954.

166 Mircea Eliade. *Le chamanisme et les techniques archaïques de l'extase.* Lausanne : Payot, 2015.

167 Michael Harner et Zéno Bianu. *La voie spirituelle du chamane : le secret d'un sorcier indien d'Amérique du Nord.* Pocket, 1999.

168 Joseph Campbell et Henri Crès. *Le héros aux mille et un visages.* J'ai lu, 2013.

États modifiés de conscience (EMC)

Il s'agit de comprendre le fonctionnement du cerveau dans ses dimensions non ordinaires : Arnold Ludwig[169] et Charles Tart[170] avec la conceptualisation des EMC, Raymond Moody[171] et la survie de la conscience *post mortem*, Robert Desoille[172] et le rêve éveillé dirigé dès 1950, Hanscarl Leuner[173] et les instances intérieures dès 1960, James Hillman[174] avec l'imaginaire et les archétypes.

Psychisme transcendantal

Il s'agit de comprendre le fonctionnement du cerveau dans ses activités étendues : William James et les expériences religieuses[175], Antony Sutich[176] et la croissance en attitude centrée, Abraham Harold Maslow avec les *peak experiences*[177] et

---

[169] Arnold M. Ludwig. « Altered States of Consciousness ». *Archives of General Psychiatry*, vol. 15, nº 3, septembre 1966.

[170] Charles Tart et al. *Le spirituel est-il réel ? Le psychologue, la science et l'extraordinaire.* Interéditions, 2010.

[171] Raymond A. Moody et al. *Donner du sens au non-sens : comment concevoir la vie après la vie.* Guy Trédaniel éditeur, 2016.

[172] Monique Aumage. « De Bion à Desoille ? La figurabilité ». *Imaginaire & Inconscient*, vol. 31, nº 1, 2013.

[173] Hanscarl Leuner et al. *Katathymes Bilderleben mit Kindern und Jugendlichen.* Éd. Reinhardt, 1990.

[174] James Hillman. *Loose ends: primary papers in archetypal psychology.* Spring Publications, 1975.

[175] Georges Legrand. « L'expérience religieuse » et la philosophie de William James ». *Revue néo-scolastique de philosophie*, vol. 20, nº 77, 1913, p. 69-87.

[176] Anthony Sutich. « The Growth-Experience and the Growth-Centered Attitude ». *The Journal of Psychology*, vol. 28, nº 2, octobre 1949, p. 293-301.

[177] Abraham H. Maslow. *Toward a psychology of being.* 3rd ed, J. Wiley & Sons, 1999.

la hiérarchie des besoins[178], Stanislas Grof avec l'influence de l'advaita vedanta dans l'analyse des crises psychospirituelles, de la théorie des Coex (systèmes d'expériences condensées), des MPF (matrices périnatales fondamentales)[179] et de la respiration holotropique[180], James Fadiman[181] et le psychédélisme.

Ainsi que le résume Édouard Stacke[182], dans les traditions d'Asie tout comme dans le chamanisme ancien ou dans la culture californienne qui l'a relayé, l'orientation d'intériorisation spirituelle était articulée avec une recherche de mode de vie sobre et une ouverture à la connexion avec l'énergie du vivant. Ceci a permis de moins exclusivement « psychologiser » ces démarches pour les rendre plus globales, en harmonie avec les autres et avec l'environnement.

Convergence des points de vue

Nous complétons ces quatre courants avec la liste de personnalités scientifiques qui ont contribué à l'élaboration du transpersonnel proposée par Descamps[183] et mise en ligne dans son *Histoire du transpersonnel*[184] :

> Capra, Karl H. Pribram, David Bohm, Charles Tart, Rupert Sheldrake... et en France, Stéphane Lupasco, Olivier Costa de

---

[178] Ingrid E. Heidenborg. *How the Basic Human Needs of Patients Are Met: Analysis, Testing and Application of Maslow's Motivation Theory for Patient Care*, Acta Universitatis Upsaliensis. Studia Psychologica Upsaliensia, 7 (1981)

[179] Stanislav Grof et Hal Zina Bennett. *L'esprit holotropique. Les trois niveaux de la conscience humaine : comment ils modèlent notre vie*. Éditions du Rocher, 1996.

[180] Stanislav Grof et al. *Théorie et pratique de la respiration holotropique, une nouvelle approche de l'exploration de soi et de la thérapie*. Dervy, 2014.

[181] James Fadiman. *The psychedelic explorer's guide : safe, therapeutic, and sacred journeys*. Park Street Press, 2011.

[182] Auteur de *La liberté de s'accomplir?* Éditions 100 Ways, 2010.

[183] Marc-Alain Descamps et al. *Qu'est-ce-que le transpersonnel ?* Éd. Trismegiste, 1987.

[184] op. cit.

Beauregard, Jean Charon, Bernard d'Espagnat, Basarab Nicolescu, René Thom, Thérèse Brosse, Hubert Reeves…

L'intégration progressive de ces sources et de ces courants, portés notamment par ces spécialistes, permet la stabilisation puis le déploiement du transpersonnel à partir du milieu des années 1960. Comme l'exprime Assagioli[185] :

> On a récemment introduit en psychologie le terme transpersonnel pour indiquer ce que couramment l'on désigne comme spirituel.

Le Mouvement du potentiel humain (MPH) qui émerge alors à cette période[186] le portera et lui ouvrira les portes d'une destinée internationale.

c. Consolidation et déploiement du transpersonnel

En 1969, Abraham Maslow fonde aux États-Unis la première association spécifiquement dédiée au transpersonnel, *l'Association for Transpersonal Psychology* (ATP[187]), aux côtés de Carl Rogers, Viktor Frankl, Stanislav Grof, Jim Fadiman, Antony J. Sutich et d'autres personnalités, ainsi que le *Journal of Transpersonal Psychology* dont Sutich sera rédacteur en chef jusqu'à son décès sept ans plus tard. Ce mouvement est alors principalement américain et particulièrement lié à la psychologie. Dans cette lignée est créée en France l'Association internationale de psychiatrie spirituelle (Aips/Spiramed) lors du premier congrès sur « la

---

[185] Roberto Assagioli. *Psychosynthèse : principes et techniques.* Desclée de Brouwer, 1965, page 48.

[186] Edouard Stacke. « L'histoire et le devenir du développement personnel, les apports de la psychologie humaniste et transpersonnelle, les perspectives ». *Le livre blanc du développement personnel,* Le souffle d'or, 2018, p. 9-28.

[187] www.atpweb.org

méditation en psychothérapie » qui se tient à Lyon[188] en 1994. Notons également que la *World Psychiatric Association*[189] (association internationale regroupant 140 associations nationales et fédérant 200 000 psychiatres dans 120 pays) possède une section consacrée aux liens entre religion, spiritualité et psychiatrie[190] et publie sa première newsletter en 2012[191].

Avant même la fin des années 1970, le transpersonnel s'ouvre et s'élargit hors de la seule discipline de la psychologie pour porter ses analyses et ses utilisations en sociologie, économie, anthropologie, ethnologie, éducation, management, systémique, communication, éthique, écologie entre autres. L'américain Stanislav Grof fonde en 1978 l'*International Transpersonal Association* (ITA). L'ITA a organisé des congrès dans de nombreux pays : États-Unis (1979), Australie (1980), Inde (1982), Suisse (1983), Belgique (1984, avec Ilya Prigogine), Japon (1985), Tchécoslovaquie (1992), Irlande (1994), Brésil (1996), puis plus aucun jusqu'en 2004, année de son dernier congrès de *Palm Spring,* en Californie, après lequel elle sera dissoute, avant d'être ensuite relancée en 2008[192].

Après avoir inauguré à Paris en 1981 le premier congrès européen de psychologie humaniste en présence d'Edgar Morin, Édouard Stacke et Tan Nguyen participent, dès 1983, au lancement du mouvement transpersonnel en France en invitant Stanislas Grof, Michael Harner, Gabrielle Roth et

---

[188] *Brigitte Kashtan. Psychothérapie et réalisation spirituelle : l'ego, la souffrance, la fin de la souffrance.* Éditions Diamantel, 1999.

[189] https://www.wpanet.org

[190] www.circee.org/?+Religion-spiritualite-et+

[191] https://web.archive.org/web/20230327102433/www.religionandpsychiatry.com/newsletter/

[192] https://web.archive.org/web/20190913085824/http://www.transpersonalassociation.com:80/history

Claudio Naranjo[193] pour y mener des séminaires. Suivront plusieurs congrès européens, comme le Congrès européen du transpersonnel à Bruxelles en 1984, et mondiaux, tel le Congrès mondial du transpersonnel à Zinal en Suisse en 1985[194].

Le courant transpersonnel est désormais répandu sur presque toute la planète et particulièrement actif dans les milieux thérapeutiques et associatifs.

d. Présence contemporaine du transpersonnel

Le transpersonnel est présent aussi bien dans la recherche que dans la formation mais aussi dans la production de revues de niveaux national et international.

En France, la psychologie humaniste s'est institutionnalisée avec la fondation en 1972 de l'Association française de psychologie humaniste (Afph) sous la houlette de Vincent Leenhardt et Jean-Michel Fourcade, au château de Chamarande en Essonne, en présence d'une cinquantaine de professionnels. Elle sera dissoute en 1985. Sa section « psychologie transpersonnelle » créera cette même année l'Association française du transpersonnel (AFT), qui organisera alors un congrès par an. Après les années 2000 se développent d'autres structures[195] comme le Groupe de recherches et d'études en thérapies transpersonnelles[196] (Grett) fondé en 2003 et le Collège francophone de psychothérapie transpersonnelle[197] (Cfpt) inauguré en 2016.

---

[193] Claudio Naranjo. *Voyage vers la guérison : narco-analyse et psychothérapie*. Le Jour, 1984.

[194] Informations recueillies par échanges de mails avec Édouard Stacke à partir de 2019.

[195] Bernadette Blin et Brigitte Chavas. *Manuel de psychothérapie transpersonnelle*. InterÉditions, 2011.

[196] https://web.archive.org/web/20190209144727/http://www.ovoia.com/grett

[197] https://ovoia.com/sites/default/files/sous_page_pdf/Charte%20du

En Italie[198] sont nées *l'Associazione Italiana di Psicologia Transpersonale* (Aipt)[199] et l'*Integral Transpersonal Institute*[200], dont les formations en *biotransenergetica* prodiguées par la *School of Transpersonal Psychotherapy* sont reconnues par le *Ministero dell'Istruzione e del Merito*. En Allemagne se trouve l'Institut international pour l'exploration de la conscience[201]. La Suisse héberge l'Association suisse d'anthropologie et de psychologie transpersonnelle[202] (Asapt) et l'Institut suisse des sciences noétiques[203] (Issnoe). Cette fondation reconnue d'utilité publique étudie les états modifiés de conscience. En Grande-Bretagne, la *British Psychological Society* héberge une section de psychologie transpersonnelle[204]. En Espagne se trouvent l'*Asociación Transpersonal Española* (Atre), la *Sociedad Española de Psicología y Psicoterapia Integrativa* (Seppi), la *Fundaciòn para el Desarrollo Transpersonal*, la *Escuela Española de Desarrollo Transpersonal*[205] ou encore le *Centro para una Psicología de la Consciencia*, Oxigeme[206].

Deux associations européennes, dont l'AFT est co-fondatrice, font actuellement vivre ce courant sur le vieux continent et au-delà : *The European Transpersonal Association*[207] (Eurotas) fondée en 1987 à Bruxelles par Marc-Alain Descamps, Boggio Gilot et Elisabeth Philipov, et l'*European*

%20CFPT_1.pdf

198 Stefano Pischiutta. *Crescere senza invecchiare : risveglio psicologico e risveglio spirituale*. Persiani, 2015.

199 https://web.archive.org/web/20210622233503/https://aipt.it/

200 https://integraltranspersonallife.com/en/team/pier-luigi-lattuada/

201 https://www.bewusstseinserforschung.de/de/

202 http://transpersonnel.ch

203 http://www.issnoe.ch

204 https://web.archive.org/web/20220529045314/https://www.bps.org.uk/member-microsites/transpersonal-psychology-section

205 www.fundaciontranspersonal.com

206 https://www.oxigeme.com

207 https://eurotas.world

Transpersonal Psychology Association[208] (Etpa). L'Etpa fut créée en 1995 par scission d'avec Eurotas à la suite d'un congrès à Strasbourg en 1990 qui avait réuni plus de 1 000 participants. Elle est présente essentiellement en Europe du Sud et de l'Est et sa branche roumaine est assez active, avec notamment les travaux et les rencontres organisées par les professeurs Munteanu[209] et Costea. Tandis qu'Eurotas regroupe une trentaine de pays, au départ principalement anglophones et d'Europe du Nord, et désormais au niveau mondial. Elle a organisé des congrès notamment à Bruxelles (1984), Strasbourg (1987 et 1990), Londres (1994) et Varsovie (1997) et de nombreux autres depuis.

Le transpersonnel compte également pléthore d'auteurs et de réseaux qui s'en réclament sur le continent américain. Aux États-Unis, l'approche intégrale de Wilber[210] ou participative de Ferrer[211] ; l'institut Esalen[212] depuis 1962 ; le *California Institute of Integral Studies* en 1968 ; l'*Institute of Transpersonal Psychology* fondé en 1975 en Californie et depuis rebaptisé *Sofia University*. En Amérique du Sud lusophone, au Brésil, les associations Université pour la Paix[213] (Unipaz) ; *Associação Luso-Brasileira de Transpessoal*[214] (Alubrat) ; *Centro latino Americano Ser Integral*[215] (Clasi) et, pour les pays hispanophones, l'*Asociación Transpersonal Iberoamericana*[216] ou

---

208 www.etpa.eu.com

209 Anca Munteanu et al. *Au-delà des apparences : études dans la perspective d'un nouveau paradigme de la connaissance*. Éd. Eurobit, 2009.

210 Ken Wilber. *Une théorie de tout : une vision intégrale pour les affaires, la politique, la science et la spiritualité*. Paris : Almora, 2014.

211 Jorge Ferrer. *Participation and the Mystery: Transpersonal Essays in Psychology, Education, and Religion*. Presses de l'Université d'État de New York, 2018.

212 www.esalen.org

213 http://unipaz.org.br

214 https://alubrat.org.br

215 www.clasi.org.br

216 http://ati-transpersonal.org/es/

encore *l'Asociación Internacional de Psicología y Psicoterapia Transpersonal*[217]...

Des stages et des cursus de formation spécifiquement dédiés au transpersonnel sont proposés dans le monde entier - y compris en Inde et en Asie[218] -, à l'exception semble-t-il de l'Afrique. Ainsi en est-il en France avec le Centre d'enseignement en sciences humaines[219] (Ceshum) né en 2015 à la suite de son prédécesseur, l'Institut de recherche et d'étude en thérapie transpersonnelle (Irett, créé en 2003) ou encore avec l'Institut de psychologie humaniste et transpersonnelle[220] (Ipht). D'autres formations sont proposées en Europe comme en Espagne[221], Irlande[222], Italie[223], Belgique[224] etc. Sur le continent américain, nous en trouvons dans neuf pays, de l'Amérique du Sud, comme au Brésil[225] avec le *Centro de Educação Transdisciplinar* (Cetrans), jusqu'aux États-Unis[226] avec le *East West Psychology Department* à San Francisco.

Plusieurs publications font connaître et vivre le transpersonnel dans les communautés nationales de praticiens et de chercheurs, tant en France avec la revue *Synodies* du Grett, le Bulletin de l'AFT ou les Cahiers du Cfpt, qu'à l'international, avec le *Journal of Transpersonal Psychology*, l'*Integral Transpersonal Journal*, le *Journal of Transpersonal Research* ou encore l'*International Journal of Transpersonal Studies* (de l'ITA).

---

[217] www.psicologiatranspersonal.org

[218] https://earthassociation.org/

[219] http://ceshum.net

[220] https://www.psychologie-formation.com

[221] http://escueladenavegantes.com ; https://formaciontranspersonalonline.wordpress.com ; https://cerclegestalt.com

[222] http://spiritualityinstitute.ie/

[223] http://integraltranspersonallife.com/

[224] www.approches-transpersonnelles.be/

[225] www.humanitatis.com

[226] https://web.archive.org/web/20220127150510/https://www.transpersonals.com/escuela/psicologia-transpersonal/

e. Positionnements et objectifs

Le transpersonnel est généralement présenté comme la quatrième force, ou vague, de la psychologie après la psychanalyse[227], le cognitivo-comportementalisme[228] et la psychologie humaniste[229]. Le transpersonnel se distingue d'autres courants comme la psychologie de la motivation[230], la Gestalt[231], la psychologie positive[232], la psychologie du bonheur[233], la psychologie de l'évolution[234], de la gnose[235] et des écoles de mystère[236], de l'ésotérisme et l'occultisme[237], du

---

[227] Sigmund Freud, et al. *De la psychanalyse.* Paris : Presses universitaires de France, 1920/2018.

[228] Jean-Claude Régnier, « Méthode naturelle et tâtonnement expérimental. *Actes du congrès Freinet 1996*, 1998, p. 312-25.

[229] Yves Saint-Arnaud. La personne qui s'actualise : traité de psychologie humaniste. Gaétan Morin Chenelière éducation, 1982.

[230] Paul Diel. *Psychologie de la motivation.* Éd. Payot & Rivages, 2002 ; Philippe Carré et Fabien Fenouillet. *Traité de psychologie de la motivation.* Paris : Dunod, 2016.

[231] Nicolas Crombez et Anne-Christine Cadiat. *La Gestalt, psychologie de la forme : l'environnement et les formes influencent-ils nos décisions ?* Bruxelles : Éditions 50 minutes, 2014.

[232] Rébecca Shankland. *La psychologie positive.* Paris : Dunod, 2019.

[233] Mihály Csíkszentmihályi et al. *Vivre : la psychologie du bonheur.* Pocket, 2005.

[234] Edel Gött. *Now or Never - L'urgence d'agir.* Éd. Courteau Louise, 2009.

[235] Etienne Couvert. *De la gnose à l'œcuménisme.* Éd. de Chiré, 1993.

[236] Konrad Dietzfelbinger. *Les écoles des mystères : de l'ancienne Égypte au christianisme de l'origine, jusqu'à la Rose-Croix actuelle.* Éd. du Septénaire, 2007.

[237] Marie-France James et Émile Poulat. *Ésotérisme, occultisme, franc-maçonnerie et christianisme aux XIXe et XXe siècles : explorations bio-bibliographiques.* Éditions Lanore, 2008.

paranormal[238], du *new age*[239], du naturalisme[240] ou encore de la pleine conscience[241]. Le transpersonnel les intègre, les actualise et les dépasse par ses ouvertures.

Le transpersonnel est, en psychologie, à comprendre selon ses théoriciens et praticiens comme faisant un lien depuis les questions liées à la conscience[242] (phénoménologie, états modifiés de conscience, régression, hypnose…) jusqu'à la dimension du spirituel[243]. À l'image des autres courants de la psychologie, il se positionne dans un esprit laïc répondant ainsi aux attendus de neutralité confessionnelle et philosophique en cours dans les services publics. Son approche de la compréhension du fonctionnement des personnes opère depuis le « haut » et pas seulement à partir du « bas » : le transpersonnel fait passer de la « psychologie des profondeurs » à la « psychologie des hauteurs », haut et bas s'entendant au sens métaphorique et axial, sans jugement hiérarchique.

Il utilise des méthodes qui favorisent l'expression des meilleures parties de chacun, plutôt que de laisser tourner la personne en rond dans ses difficultés en revisitant incessamment son passé au risque de ne pas trouver de porte de sortie. Il prend soin de ne pas couper les ailes de la

---

238 Henri Broch. *Le Paranormal, ses documents, ses hommes, ses méthodes*. Éd. du Seuil, 2001.

239 Jean Vernette. *Le New Age*. Deuxième édition corrigée, Presses universitaires de France, 1993.

240 Florent Pasquier. « La voie transpersonnelle en éducation : de la 5e colonne au 6e sens », *Bulletin de l'Association française du transpersonnel*, no 118, 2015, p. 16-24.

241 Michel Bitbol. *La conscience a-t-elle une origine ? Des neurosciences à la pleine conscience : une nouvelle approche de l'esprit*. Flammarion, 2014 ; Hélène Hagège et al. *Pour une éducation à la responsabilité*. Iste Éditions, 2018.

242 Vítor José F. Rodrigues. *Tranquila-mente : como vencer o stresse e a ansiedade e viver uma vida mais calma e feliz*. 1.a edição, A Esfera dos Livros, 2013.

243 Jacques Vigne. *Éléments de psychologie spirituelle*. Éd. Albin Michel, 1993 ; Kejttep Ançari. *Psychologie spirituelle ou L'alchimie intérieure*. Éd. de la Lumière, 1996.

créativité en ne l'enfermant pas dans des cadres et des carcans normés ou figés. Il étudie le fonctionnement d'une conscience s'élargissant par étapes depuis le positionnement autocentré de la personne jusqu'à sa sensation de faire partie d'un tout universel en passant par des stades intermédiaires en interaction : la dimension du je/Soi, celle des autres/la société et celle de la nature/le cosmos.

En nous attachant une nouvelle fois, comme nous l'avons fait pour la transdisciplinarité, au préfixe *trans*, nous dirons que le transpersonnel étudie ce qui est *entre* (et donc qui *relie)*, *traverse* et *dépasse* toutes les personnes, ceci donc relevant de leur *commun*.

f. Apports de Marc-Alain Descamps

Si chaque être humain est un tout communiquant, il semble logique qu'il manifeste la ou les mêmes choses dans les différents aspects et manifestations de sa vie. Tel fut le cas du professeur Marc-Alain Descamps (1930-2018), une des figures centrales françaises et européennes du transpersonnel sur laquelle nous nous concentrerons désormais. Son autobiographie *Pèlerin de l'absolu* [244] retrace son riche parcours. « Aux Indes » comme il aimait à dire, il fut initié au shivaïsme non-duel du Kashmir. Pratiquant assidu, il fut professeur de yoga, psychanalyste utilisant le rêve éveillé et universitaire dans le domaine de la psychologie sociale à Paris V René-Descartes de 1966 à 1994. À partir de ses recherches sur les notions d'identité et d'appartenance, il considérait, dans une analyse de son propre parcours, avoir contribué à l'invention de la « psychologie du corps » dès les années 1990 :

> La psychologie est en effet passée de la science de l'âme à celle du comportement (*behavior*), des conduites, de l'inconscient, des motivations et finalement du corps.[245]

[244] Marc-Alain Descamps. *Pèlerin de l'absolu.* Éd. Trismégiste, 2007.
[245] https://web.archive.org/web/20191118225630/http://europsy.org/

A la suite de cette descente dans l'incarnation, il trace un chemin inverse jusqu'à la question de la personne et de la conscience :

> Par un processus de centralité, on s'est interrogé sur les concepts de soi, d'identité personnelle et de Soi. Tout le travail porte maintenant sur la différenciation entre la personnalité, la personne, et le transpersonnel. Et plus particulièrement elle porte sur le Moi et les maladies du Moi : l'ego, défini comme égoïsme, orgueil et colère. Comment dépasser l'ego pour accéder à sa véritable nature : le Soi ?[246]

La question centrale de la vie de Descamps fut donc : « Qui suis-je ? ». Et, en changeant de point de vue, à supposer que ce ne soit pas la même question : « Qui es-tu ? ». Pour présenter son œuvre, nous allons d'abord exposer ses apports théoriques dans le domaine du transpersonnel, puis nous rendrons compte de ses engagements dans ce domaine, lui qui a voulu incarner le transpersonnel par son humanité et par son influence.

Recherches avancées

Dans chacune des préfaces des neuf livres de la collection « Transpersonnel » parus aux Éditions Trismégiste, Descamps rappelle la nature et l'objectif du transpersonnel :

> Le transpersonnel est un niveau d'être qui transcende l'ego ou le moi individuel, dépasse la notion de "personne" dans les états d'expansion non ordinaires de conscience et atteint le Soi (Jung), le Surconscient, l'Ultra-Humain (Teilhard de Chardin), le Surhumain (Sri Aurobindo), la Nature de Bouddha... Il s'exprime à travers les mythes, les symboles, les expériences de sommets (...). Le mouvement transpersonnel, né aux États-Unis au sein de la psychologie humaniste, réalise la jonction de la science et de la spiritualité et constitue, pour l'humanité, une nouvelle renaissance.

Les titres des ouvrages et les noms d'auteurs des articles de chaque volume, de plus de 100 pages chacun, permettent de

---

marc-alain/synthese.html

[246] Ibid.

dresser une première carte des domaines dans lesquels Descamps applique le transpersonnel :

N°	Auteur	Titre	Année
1	Alfillé, Descamps, Nicolescu	*Qu'est-ce que le transpersonnel ?*	1987
2	Bouchet, Descamps, Weil	*La Révolution transpersonnelle des rêves*	1988
3	Davy, Descamps, de Vitray-Meyerovitch	*L'Amour transpersonnel*	1989
4	Cazenave, Descamps, Filliozat	*Les Psychothérapies transpersonnelles*	1990
5	Andres, Descamps, Leloup , Inayat Khan, Tarchin	*Mystique et transpersonnel*	1991
6	Huyghe, Descamps, Donnars	*Art et créativité*	1991
7	De Coulon, Descamps, Dierkens, Fotinas	*L'Éducation transpersonnelle*	1992
8	Descamps	*Les Témoins de la lumière*	2003
9	Descamps, Martal, Fromaget, Munteanu, Dutheil	*Hasard, chance, synchronicité*	2005
10	Bon, Dal-Palu, Descamps	*Psychanalyse et spiritualité*	2006

TABLEAU 1. AUTEURS ET INTITULÉS DES OUVRAGES DE LA COLLECTION « LE TRANSPERSONNEL » AUX ÉDITIONS TRISMÉGISTE, DE 1987 A 2006

Dans le premier ouvrage de cette série, Descamps dessine une « cartographie du transpersonnel » sous forme de quatre cercles concentriques :

> Au centre se situent les pratiquants des voies mystiques traditionnelles d'Orient et d'Occident que le transpersonnel étudie et dont il cherche à faire la jonction (yoga, zen, bouddhisme tibétain, soufisme, chamanisme, hésychasme...). Puis viennent les différentes psychothérapies transpersonnelles avec la respiration holotropique de Grof, le rêve éveillé, la psychanalyse spiritualiste, etc. Le troisième cercle est formé par tous les scientifiques qui sont venus rejoindre le nouveau paradigme transpersonnel et leurs lecteurs (Capra, Pribram, David Bohm, Charles Tart, Rupert Sheldrake... et en France Stéphane Lupasco, Olivier Costa de

Beauregard, Jean Charon, Bernard d'Espagnat, Basarab Nicolescu, René Thom, Thérèse Brosse, Hubert Reeves...). Le dernier cercle extérieur correspond à l'étude et l'expérience des états non ordinaires de conscience et sur ses confins à l'ésotérisme, l'alchimie, l'astrologie, les guérisseurs, la parapsychologie, etc. La thèse centrale de Descamps est qu'au transpersonnel horizontal (échange de personne à personne qu'il vaut mieux appeler "interpersonnel"), il faut ajouter le transpersonnel vertical (le passage de l'ego au Soi, la spiritualité, la vie mystique, la rencontre du sacré ou du divin)[247].

En parallèle à cette collection, Descamps a écrit également plus de 40 livres qu'il a classés selon ses thématiques[248] : psychologie (18 ouvrages), psychologie du corps (5), psychologie et spiritualité (10), divers en collaboration (7).

Il a mis en ligne sur son site, à partir de 2009, près de 120 articles qu'il présente par genre :

psychologie générale (6 articles), instruments d'enquête en science humaine (4), psychologie des vêtements et de la mode (3), psychologie de la publicité (5), psychologie du corps (5), psychologie du sport (3), psychologie de l'art (5), psychologie de la mort (4), hasard (3), éducation, pédagogie (3), éthique (4), psychohistoire (7), économie (3), naturisme (6), psychanalyse (9), technologies du sacré (4), yoga (14), philosophie et métaphysique (10), spiritualité (11), panorama des mystiques (11). Certains sont particulièrement volumineux, comme *Spiritualité et psychanalyse*[249].

En croisant les thématiques de ces deux champs, il élabore la « transpsychanalyse » et écrit un ouvrage intitulé *La psychanalyse spiritualiste*[250].

---

[247] https://web.archive.org/web/20230928135645/http://europsy.org/aft/pg131.html

[248] https://web.archive.org/web/20230616184025/http://www.europsy.org/marc-alain/

[249] https://web.archive.org/web/20200118235949/http://europsy.org/marc-alain/spipsy15.html

[250] Marc-Alain Descamps. *La psychanalyse spiritualiste.* Paris : Desclée de Brouwer, 2004.

Engagements professionnels et associatifs

En plus de son activité prolifique d'écriture et de son travail en cabinet de consultation, Descamps adhérait à plusieurs organisations comme l'Association pour le droit de mourir dans la dignité (Admd), dont il était membre d'honneur.

Il était lui-même un animateur infatigable en proposant, aussi longtemps qu'il en a été capable :

- des cours hebdomadaires de yoga postural ;

- des ateliers thématiques réguliers, comme celui intitulé « Le chemin initiatique », composé de plusieurs modules : l'énigme de Glozel, l'origine de l'Écriture, Magritte revisité et les illusions perceptives. Ou encore l'atelier « Qui suis-je ? », en plusieurs étapes : pour découvrir le secret de Socrate et éveiller son énergie ; pour ne pas se confondre avec les désirs des autres sur vous et ce qu'on vous a forcé à devenir ; retrouver le souvenir de son passé, c'est récupérer la moitié de sa vie ; la connaissance de soi est le début d'une nouvelle vie ;

- l'animation de groupes de recherches thématiques comme le Centre d'étude des expériences de mort imminente (Céémi)[251] ; le cercle Présence de Marie-Madeleine Davy[252] ; des rencontres sur le rêve éveillé ; un laboratoire d'éthique médicale (Lem) ; le Groupe international du rêve éveillé en psychanalyse (Girep) ;

- des cours mensuels de yoga nidra, ou encore de rêve éveillé ou lucide, menés conjointement un certain temps avec l'Inrees, l'Institut de recherche sur les expériences extraordinaires[253]. Pour Descamps, le but du yoga nidra est de découvrir :

---

[251] https://web.archive.org/web/20240104193459/http://www.europsy.org/ceemi/

[252] https://web.archive.org/web/20230202200934/http://www.europsy.org/pmmdavy/index.htm

[253] Descamps avait en effet été en contact avec le fondateur de cet institut, Stéphane Allix, « qui ne s'était pas remis du décès de son frère » disait-il et qui avait « fondé sa structure pour mieux étudier la mort ». Descamps lui-

le secret du rêve et éveiller son énergie, pour vivre ses rêves au lieu de rêver sa vie, passer des cauchemars aux rêves de puissance puis aux rêves prémonitoires, thérapeutiques, de sortie hors du corps, aux visions de vérités... Apprendre le yoga du rêve, le *svapna* yoga, permet-il de s'éveiller à la vraie vie ?

Ces séances de deux heures étaient thématiques : honte et culpabilité, Apollonios de Tyane, la victoire du christianisme, les Cagots, la charrette de foin, le jardin des délices, le voyage vers l'Empyrée, la lumière intérieure, l'amour généreux. Après une première phase d'exposé, il proposait aux participants de se mettre en état de relaxation profonde, sans s'endormir :

> rester sur la ligne de crête entre sommeil et éveil sans basculer d'un côté ni de l'autre.

L'objectif était d'expérimenter un état modifié de conscience léger et d'y inclure un vœu dont « vous serez certain qu'il sera réalisé », disait-il après trois *Aum* très sonores prononcés avec sa voix rocailleuse au fort accent du Sud-Ouest. Car cette technique

> permet de retrouver ses images intérieures et de parler à son inconscient. Il est possible de modifier son état de conscience, de se ressourcer et d'accéder à l'Éveil,[254]

- des activités régulières avec l'AFT : un congrès annuel d'un week-end ; la publication d'un bulletin trimestriel pour un total de 120 numéros au mois d'octobre 2015 ;

- une école de formation de psychanalystes transpersonnels, avec supervision. Une ancienne lauréate,

---

même avait convenu avec sa mère d'abord, puis avec sa femme ensuite, de se donner des signes d'une survivance de leurs âmes par n'importe quel moyen après leurs décès respectifs. Resté le dernier vivant, il disait n'en avoir pas reçu.

[254] https://web.archive.org/web/20230202214313/http://www.europsy.org/aft/pg120.html

Sabine Dewulf[255] nous a signifié que cet enseignement, d'un coût de 180 € par an,

> durait trois ans, à raison d'une séance de séminaire par mois pour la formation théorique, à laquelle il fallait ajouter une formation pratique, c'est-à-dire suivre soi-même une cure psychanalytique en rêve éveillé, ainsi que la rédaction d'un mémoire, comprenant une partie théorique et une partie pratique (portant sur la cure d'un patient). Pour ma part, j'ai réalisé et soutenu en juillet 2015 ce mémoire sur le thème suivant : « Entre illusion et illumination - Images physiques, langagières et mentales dans la cure psychanalytique et psychothérapeutique ».

À partir des années 2000, Descamps ouvre une formation complète sans conditions d'inscription *via* son Institut de Psychologie Transpersonnelle (IPT), sous forme de séminaires de formation les samedis et en partie à distance, en trois ans, avec production et soutenance d'un mémoire la dernière année (les résumés de onze d'entre eux sont disponibles en ligne[256]). Le programme de l'**Institut de psychologie transpersonnelle** (IPT) était le suivant :

Première année. Qu'est-ce que le transpersonnel et l'escalier des valeurs ? La science des rêves et la révolution transpersonnelle des rêves.
Deuxième année. Les psychothérapies transpersonnelles. L'amour, le couple et la famille. L'enfant, l'éducation et l'enseignement. L'art, la créativité et l'histoire de la peinture.
Troisième année. Le hasard, la chance et les synchronicités. Psychanalyse et spiritualité. Les enseignements des mystiques de toutes les religions.

Cette formation était validée par l'obtention d'un certificat.

---

[255] Sabine Dewulf. « La psychanalyse spiritualiste selon Marc-Alain Descamps ». *CFPT*, 2018, p. 65-73.

[256] https://web.archive.org/web/20230202214341/http://www.europsy.org/aft/pg220.html

De 2012 à 2015, des **Séminaires didactiques** ont abordé les thèmes suivants, suivis d'un récit de cure, à raison de deux heures chacun :

Année 1, Carl Gustav Jung : biographie ; Jung et Freud ; le système jungien ; la persona et l'ombre ; l'inconscient collectif ; les archétypes ; la bisexualité physique et psychique ; le Soi et le processus d'individuation ; les synchronicités et la psychanalyse de Sabina Spielrein.
Année 2, l'amour en psychanalyse : la libido entre Freud et Jung ; l'amour dans le transfert ; l'amour pour Jacques Lacan ; narcissisme et amour ; amour et inceste ; l'amour pour Jung ; l'amour dans les contes de fées ; purification de l'amour ; l'amour bouddhiste.
Année 3, la transpsychanalyse : réparer l'opposition entre Freud et Jung, le dépassement historique ; la prise en compte des concepts orientaux ; Desoille et les quatre dimensions du rêve éveillé ; les images ; les fantasmes ; les quatre ajouts ; les conséquences : les transactions ; le psychospirituel/psychanalyse des hauteurs.

Cette formation donnait également lieu à l'obtention d'un certificat.

Dans la figure ci-dessous extraite de ses enseignements, Descamps fait le lien entre soi et les autres par l'intermédiaire du dévouement comme application pratique des valeurs transpersonnelles[257], dans une optique transcendantale. Il l'illustre par un escalier qui poursuit les travaux de Maslow et sa célèbre pyramide des besoins[258], elle-même en lien avec les 14 besoins fondamentaux de Virginia Henderson[259].

---

257 https://web.archive.org/web/20231210144052/http://www.europsy.org/aft/pg132.html

258 Pierre Pichère. *La pyramide des besoins : comprendre et classifier les besoins humains*. Bruxelles : Primento Digital, 2015.

259 Nadine Delchambre. *Guide d'observation des 14 besoins de l'être humain*. Louvain-la-Neuve : De Boeck, 2015.

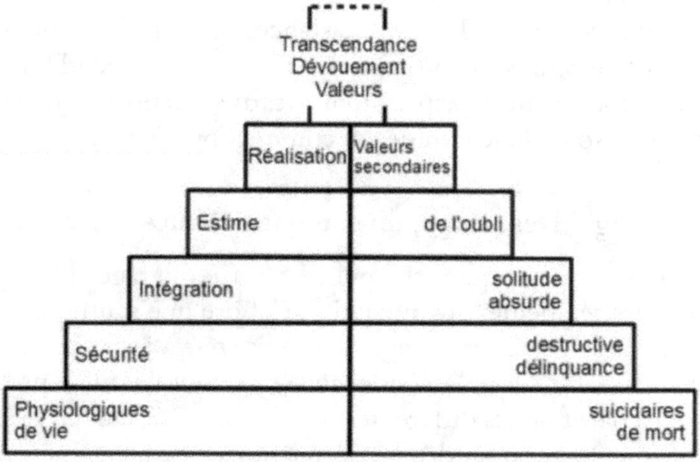

FIGURE 10 : L'ESCALIER DES VALEURS PAR MARC-ALAIN DESCAMPS

Nous en avons proposé cette interprétation[260] :

> (…) (Le transpersonnel) vise à permettre à l'enfant et à l'adulte de gravir les marches de la pyramide des besoins de Maslow, puis à utiliser les valeurs du transpersonnel et à les conforter pour se maintenir au sommet : coopération, bienveillance, conscience... Mais si une fois atteint le sommet de la pyramide, de nouveaux comportements ne s'installent pas durablement, s'y maintenir n'est pas possible, et la personne commence à parcourir le chemin infernal de la redescente.

À son départ de la direction de l'AFT, en 2015, Descamps fait don à trois grands organismes caritatifs, sans en informer le conseil d'administration, de la quasi-totalité de la trésorerie de l'association pour un montant de plusieurs dizaines de milliers d'euros. Ici se montre une sorte de « côté obscur de la force » de celui qui était aussi un homme ayant souffert d'avoir été parfois incompris ou non reconnu, d'avoir essuyé des

260 Florent Pasquier. « La voie transpersonnelle en éducation : de la 5e colonne au 6e sens. » *Bulletin de l'Association française du transpersonnel*, no 118, 2015, p. 16-24.

critiques multiples, d'être l'auteur d'une œuvre peu diffusée, peu médiatisée, et dont certains des comportements ont pu être vus comme de la mise à distance, de l'autoritarisme ou de la colère, lui qui prônait à l'inverse la « gentillesse et l'humilité » comme expressions incarnées suprêmes de l'idéal transpersonnel : le don de soi comme don d'amour.

g. Descamps, un soignant d'âmes…

Descamps, qui a publié un ouvrage avec le psychothérapeute Guyonnaud[261], élabore une synthèse de ses recherches et de ses engagements concrets au service de ceux qu'il appelait « les blessés de la vie » et dont il voulait prendre soin à partir de ses différentes positions. Ainsi, tant en relation thérapeutique que dans ses relations sociales, Descamps pouvait marquer durablement l'esprit de ceux qui l'approchaient.

… avec l'athanor alchimique de la psychanalyse spiritualiste

Descamps conceptualise dans son livre *La Psychanalyse spiritualiste* de 2004 l'essentiel de cette thérapie fondée selon Sabine Dewulf (op.cit.) sur trois concepts situés dans le prolongement des travaux de Freud : l'Attracteur, qui libère l'être humain, en antagonisme à la pulsion où il est refoulé ; le Surconscient, quatrième niveau de conscience (cosmique) après l'inconscient, le préconscient et le conscient et enfin le pôle de réalisation, relié à la partie saine de l'inconscient primitif, archaïque et thérapeutique.

L'exploration des différents inconscients passe par l'étude de l'appareil psychique, dont l'inconscient refoulé ; la relation analyste-patient, qui est d'abord assis puis mis en position allongée pour favoriser l'attention flottante, avec le transfert, le pôle de réalisation, le contre-transfert et ses névroses ; la

[261] Jean-Paul Guyonnaud et al. *La dimension spirituelle en psychothérapie : corps et transpersonnel.* Strasbourg : Somathothérapies, 1997.

positivité bienfaisante ; la compréhension thérapeutique ; les images-forces en vue de créer une mythologie personnelle en plusieurs étapes (image de départ, image transformée, image-carrefour, image mutative, image prospective) ; expérience mutative.

Les transactions, ou encore processus évolutifs supérieurs, accompagnent l'entrée dans la conscience transpersonnelle, en libérant la personne de son ego, ceci en plusieurs étapes : la Réalisation, ou poussée de vie ; l'Orientation, avec l'escalier des valeurs ; la Métanoïa, ou conversion du mental vers l'affectif puis vers l'amour de type *agape* ou encore universel ; la Transmutation, par le don ; la Sublimation, par le pardon vers le sacré ; la Crise d'émergence spirituelle, à encadrer par les voies traditionnelles ; l'Accordage, avec l'implication du patient ; la Signification du sens de l'existence ; la Progression, par des projets concrets ; la Valorisation, selon l'axiologie innée ; la Métamorphose, avec changement d'identification pour un retour à l'*imago* d'origine. Toutes ces étapes ouvrent au transpersonnel qui transcende la condition humaine. Ce que les religions appellent « l'entrée dans le Royaume » et les diverses spiritualités « l'Éveil ». Cette découverte de l'expérience du sacré en soi, expérience appelée numineuse, est pour lui l'essentiel de la psychothérapie transpersonnelle, celle qui « libère du joug de la maladie »[262].

L'une de ses anciennes patientes souhaitant rester anonyme témoigne de ses pratiques :

> (…) Si j'ai trouvé ce psychanalyste transpersonnel tout à fait remarquable dans la direction de ma propre cure, c'est notamment dans son usage très particulier du transfert : il était capable de quitter sa réserve habituelle d'un psychanalyste pour "jouer" soudain, avec éclat et de manière délibérée, le rôle du père, par exemple, afin de faire sortir le patient de son conditionnement psychique. Pour ma part, c'est de cette manière qu'il m'a "sauvée" d'un fonctionnement autodestructeur. Il le faisait d'une manière

[262] https://web.archive.org/web/20230928135645/http://www.europsy.org/aft/pg131.html

telle qu'à la fois il incarnait le rôle et qu'en même temps il faisait sentir que ce n'était qu'un rôle. Je n'ai jamais vu cela ailleurs, chez quelqu'un d'autre.

… en ouvrant des chemins

Sabine Dewulf, ancienne membre de l'IFT formée à la psychanalyse spiritualiste par Descamps, aujourd'hui thérapeute, a créé un outil original : « la roue de guérison »[263]. Elle avait commencé à l'élaborer dans son premier mémoire en psychologie transpersonnelle, rédigé sous la direction de Descamps et soutenu en mai 2012 : « Oser devenir soi-même par le symbole - Enquête sur l'évolution d'une classe de cinquième » et a pu l'affiner avec le temps et l'influence bénéfique de son professeur.

David Boucaud, également ancien élève de Descamps, lui rend hommage dans un ouvrage au titre initial de *Bréviaire sur le transpersonnel en hommage à l'œuvre de Marc-Alain Descamps* et finalement intitulé *Psychologie spiritualiste* (op.cit.). Nous présentons ainsi ces deux personnalités dans la préface :

> (L'auteur) présente un parcours personnel et professionnel (…) pouvant de prime abord paraître éloigné du sujet qu'il expose, la psychologie spiritualiste. Il montre finalement un pari réussi qui consiste à avoir uni de façon vivante et accomplie les différentes facettes de son être incarné, du plus matériel au plus spirituel. De façon harmonieuse, il a concilié et transmuté depuis le virtuel (son potentiel) jusque dans le réel (sa biographisation) toutes les contradictions apparentes qui souvent se font jour lorsqu'une démarche de ce type est entamée par une personne humaine, celle d'un "pèlerin de l'absolu" qui ne veut pas pour autant sacrifier son rapport avec les autres et continuer en même temps à être "dans le monde", sans s'être arrêté à n'être que "du monde".

En ce qui nous concerne, notre propre rencontre en 2013 avec Descamps fut la source d'un véritable renouveau dans nos recherches en technologies éducatives étouffant et se délitant dans un monde numérique binaire simplifié qui avait

---

[263] Sabine Dewulf et al. *Les trois cheveux d'or : parcours de guérison avec les frères Grimm et Pierre Dhainaut.* Gap : le Souffle d'or, 2016.

tendance à oublier, voire à nier, les dimensions du corps et des émotions, tels les *geeks* en mode *no life*. Nous en ressentions un assèchement cruel de notre sensibilité. Paradoxalement, notre mise en relation se fit grâce à… internet, que nous parcourions à la recherche de nouvelles inspirations.

Ensuite, notre compréhension de ses travaux s'est étendue au point de nous faire entrer dans une vision « méta » capable d'unifier les domaines du transdisciplinaire et du transpersonnel, vision également atteinte et développée par d'autres chercheurs.

En conclusion de ce chapitre, nous dirons que le transpersonnel est un autre apport, en lien avec la quantique, dans la construction de notre cadre méthodologique proposé. Avec la transdisciplinarité, il permet de mieux comprendre la dimension du spirituel.

Chapitre 4

Liens entre transdisciplinarité et transpersonnel, l'exemple des travaux de Pierre Weil

Enseignant et psychologue, Pierre Weil[264] (1924-2008) est né en France puis a émigré au Brésil.

Il crée l'Université holistique de la paix en 1987 près de Brasilia, ainsi qu'un réseau d'associations nationales appelées *Unipaz* suivi du nom du pays (comme Unipaz Portugal, Unipaz France[265]). Il y étudie et organise des concepts holistiques. Les travaux de Weil sont de bons exemples d'une synthèse possible entre transdisciplinarité et transpersonnel, mis ici au service de la culture de la paix. Il a ainsi été récompensé en l'an 2000 par la mention d'honneur du prix Unesco de l'éducation pour la paix.

Son travail explicatif et applicatif a été élaboré avec Monique Thoenig (fondatrice de l'Université holistique à Paris avant les années 1980) et le théologien Jean-Yves Leloup[266]. Le séminaire AVP, pour « Art de vivre en paix », initialement en brésilien, en propose une quintessence. Traduit, il est aussi régulièrement proposé dans le monde francophone.

Pierre Weil était particulièrement attaché à l'affirmation du début de l'acte constitutif de l'Unesco rédigé en 1946, dans l'immédiat après-guerre :

> Les guerres prenant naissance dans l'esprit des hommes, c'est dans l'esprit des hommes que doivent être élevées les défenses de la paix.

---

[264] Voir l'autobiographie de Pierre Weil, traduction de Monique Le Moing. *Une révolution silencieuse*. Rocher, 2004.

[265] http://www.unipazfrance.org/historique

[266] Jean-Yves Leloup. *L'évidence de l'invisible : anamnèse essentielle*. Arles : Actes Sud, 2018.

Il cherchait pour cela à comprendre l'origine ou la nature de ce (dys)fonctionnement de l'esprit des êtres humains. La suite du préambule de la Déclaration (composée de 15 articles au total) mentionne les pistes qu'il exploita pour créer un cheminement de conscience jusqu'à trouver une solution :

> Que l'incompréhension mutuelle des peuples a toujours été, au cours de l'histoire, à l'origine de la suspicion et de la méfiance entre nations, par où leurs désaccords ont trop souvent dégénéré en guerre ;
>
> Que la grande et terrible guerre qui vient de finir a été rendue possible par le reniement de l'idéal démocratique de dignité, d'égalité et de respect de la personne humaine et par la volonté de lui substituer, en exploitant l'ignorance et le préjugé, le dogme de l'inégalité des races et des hommes ;
>
> Que, la dignité de l'homme exigeant la diffusion de la culture et l'éducation de tous en vue de la justice, de la liberté et de la paix, il y a là, pour toutes les nations, des devoirs sacrés à remplir dans un esprit de mutuelle assistance ;
>
> Qu'une paix fondée sur les seuls accords économiques et politiques des gouvernements ne saurait entraîner l'adhésion unanime, durable et sincère des peuples et que, par conséquent, cette paix doit être établie sur le fondement de la solidarité intellectuelle et morale de l'humanité.
>
> Pour ces motifs, les États signataires de cette Convention, résolus à assurer à tous le plein et égal accès à l'éducation, la libre poursuite de la vérité objective et le libre échange des idées et des connaissances, décident de développer et de multiplier les relations entre leurs peuples en vue de se mieux comprendre et d'acquérir une connaissance plus précise et plus vraie de leurs coutumes respectives.
>
> En conséquence, ils créent par les présentes l'Organisation des Nations Unies pour l'éducation, la science et la culture afin d'atteindre graduellement, par la coopération des nations du monde dans les domaines de l'éducation, de la science et de la culture, les buts de paix internationale et de prospérité commune de l'humanité en vue desquels l'Organisation des Nations Unies a été constituée, et que sa Charte proclame.

Partant de ces analyses et intentions, Weil a élaboré un séminaire de huit modules de deux jours chacun sur l'Art de vivre en paix (AVP en est le premier) qui détaille plusieurs thématiques : l'art de vivre… la vie[267] ; conscient ; en plénitude ; en harmonie ; le conflit ; la nature ; le passage et le dernier module : et la vie continue.

Ce faisant, il a participé à l'exploration et à la construction des domaines de la transdisciplinarité (le monde externe) et du transpersonnel (le monde interne), sans pour autant utiliser outre mesure ces deux termes.

Nous nous limiterons ici à la présentation de deux exemples significatifs issus du premier module de sa formation, parmi les multiples contenus dispensés, qui illustrent pour lui les grands principes de fonctionnements de ces deux mondes à partir de la compréhension du mental (notion de fragmentation) et du monde (notion d'interdépendance).

a. L'activité mentale égotique et ses conséquences

Pierre Weil s'engage dans une compréhension holistique de l'être humain à partir du principe de la somatisation : l'influence de l'esprit sur le corps. Il construit ainsi un concept traduit par « fantasme de séparativité ». Celui-ci postule qu'au niveau d'une conscience basique, qui rappelle les premiers niveaux de réalité de la transdisciplinarité, le mental de l'être humain a l'illusion d'être indépendant et distinct de ses environnement naturels et artificiels, alors que pour la plupart d'entre nous, il en est *de facto* pleinement partie prenante et en totale dépendance.

Ce schéma montre ainsi le fonctionnement récursif interne de la zone du *mental* par les interactions entretenues avec deux autres plans : celui des *émotions* et celui du *corps*. Il met en évidence le fonctionnement des maladies psychosomatiques qui apparaissent lorsque l'activité mentale n'arrive pas à résilier les émotions afflictives, comme l'attachement au plaisir

[267] Pierre Weil. *L'art de vivre la vie*. Éditions du Rocher, 2003.

et/ou à la peur de la perte, le tout produisant un cercle vicieux auto-renforcé.

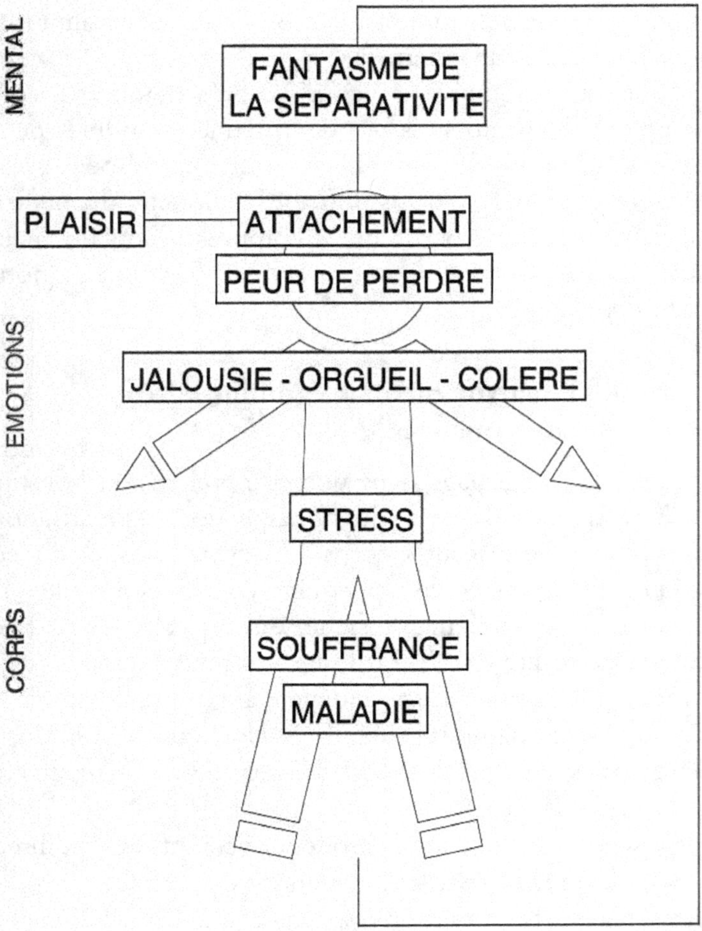

FIGURE 11 : FONCTIONNEMENT
DU FANTASME DE SÉPARATIVITÉ (SOURCE : UNIPAZ FRANCE)

b. Le système de roues triadiques

S'agissant de nos environnements, remontant à la source, Pierre Weil adopte l'hypothèse d'une apparition de notre univers à la suite d'un *Big Bang*. Il utilise alors le symbole de l'infini de la lemniscate[268] comme centre et point de départ de la *Big History*[269] humaine.

Du centre de ce symbole émergent trois natures de champs, la *Matière*, la *Vie* et l'*Information*, que l'on va retrouver dans trois grands domaines terrestres : l'*Individu*, la *Société* et la *Nature*.

Weil va montrer les liens d'interdépendance entre ces champs et ces domaines apparemment séparés pour atteindre une vision d'ensemble qu'il interprète au travers d'une série de *roues*[270] dynamiques.

---

268 Pierre Weil et Florence de Peretti. *Un regard sur l'infini*. Les Éd. des 3 monts, 2007.

269 Javier Collado Ruano. « Big History in the Ecuadorian Educational System: Theory, Practice, and Public Policies of Environmental Education ». *Journal of Big History*, vol. 3, n° 2, 2019, p. 49-66.

270 Merci à Bernard Huon, membre d'Unipaz France, pour la réalisation de ces schémas.

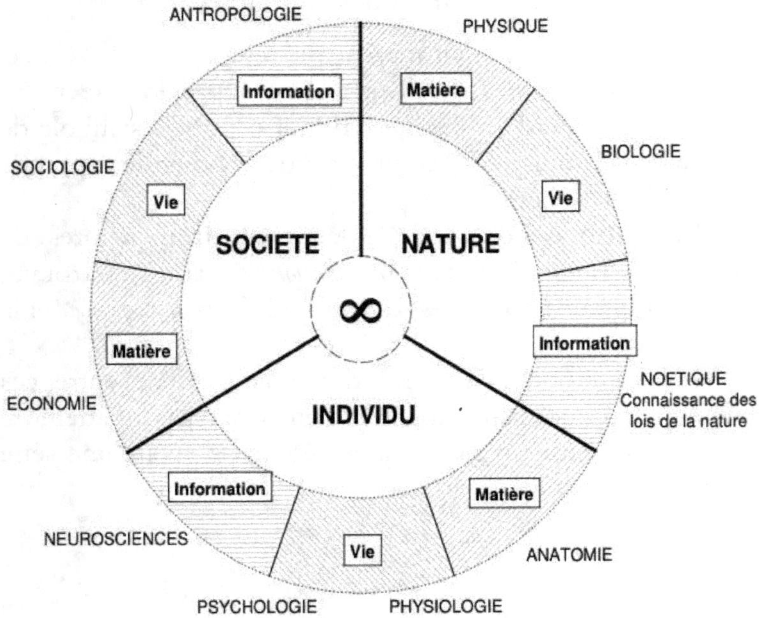

FIGURE 12 : ÉMERGENCE DES DISCIPLINES ACADÉMIQUES (SOURCE : UNIPAZ FRANCE)

De cette fractalisation vont émerger les disciplines académiques. Car, en raison du « fantasme de séparativité », l'être humain segmente, divise, simplifie la réalité pour en faciliter - pense-t-il - la compréhension.

Il s'agit pourtant d'un ensemble qui possède des capacités dynamiques.

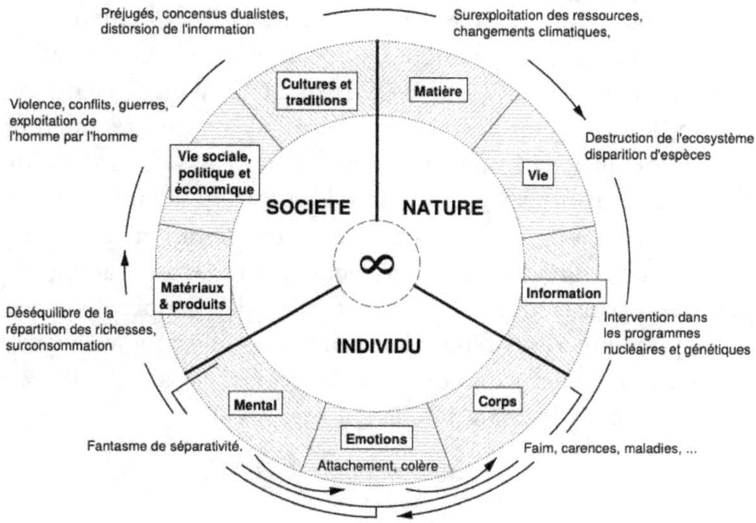

FIGURE 13 : ROUE DE LA DESTRUCTION (UNIPAZ FRANCE)

La roue de la destruction montre ainsi les interactions systémiques existant entre les trois domaines *l'Individu*, de la *Société* et de la *Nature*, par une série de flèches passant successivement entre leurs neuf pôles, avant de revenir à l'individu.

Les champs de la *Matière*, de la *Vie* et de *l'Information* se déclinent eux dans l'espace et dans le temps au travers de concepts inter-reliés comme l'économie, l'habitat, la vie sociale, la culture, les écosystèmes etc.

Nous constatons ici encore que, pour l'individu, la conception et la compréhension du monde émergent initialement du fonctionnement de son mental[271]. Celui-ci est le point de départ de la première flèche d'un enchaînement de causalités. Ainsi, un mental dont le fantasme de séparativité n'aura pas été conscientisé va impacter négativement les

[271] Florent Pasquier et al. *Réinvestir l'humain : individus, collectifs, sociétés.* Lyon : Chronique Sociale, 2017.

autres pôles les uns après les autres et créer un autre cercle vicieux, cette fois au niveau de la société et de la planète.

Pour entraîner le mental à « se discipliner » et s'orienter vers une perception positive de l'existence, Weil présente un ensemble de connaissances spirituelles, de techniques psychologiques comme la visualisation d'Assagioli[272] et de pratiques corporelles comme la relaxation ou les méditations guidées. L'objectif est de réfléchir et de pratiquer, dans une dynamique individuelle ou collective, différentes façons de prendre conscience et de tenter d'échapper à nos enchaînements mortifères. Il élabore alors une roue vertueuse dite « de la transformation » où la notion de spiritualité va apparaître dans le champ de la culture.

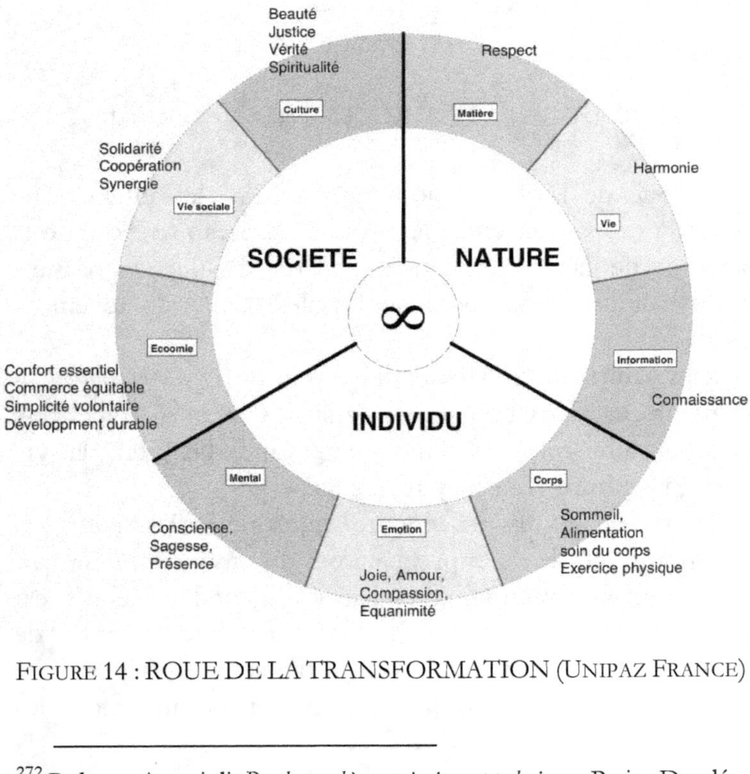

FIGURE 14 : ROUE DE LA TRANSFORMATION (UNIPAZ FRANCE)

---

272 Roberto Assagioli. *Psychosynthèse : principes et techniques.* Paris : Desclée de Brouwer, 1965.

Dans l'ensemble de sa démarche, Weil rejoint la position de Descamps selon laquelle l'humain doit dépasser le seul stade du développement personnel qui est un piège pour son ego, car ce dernier se renforce en réalité, tout en développant un faux sentiment d'humilité. La conscience holistique permet de tendre vers l'incarnation réelle dans le monde de valeurs véritablement d'ordre spirituel.

Dans un article publié en anglais en 1999, puis traduit et mis en ligne en français en 2015, Erik Davis[273] indique que certains auteurs (Hayles et Wolfe) et certains courants du transpersonnel (la cybernétique ou science des systèmes) établissent un rapport entre le transpersonnel et la période dite post-humaniste, avec

> un trop plein de confiance dans les dynamiques de transformation et un trop peu de critique des conditions sociales, psychobiologiques et systémiques qui à la fois contraignent et permettent (ce lien).

L'auteur relate également les interrogations de Maslow sur le choix des termes qui ont émergé en lien avec le transpersonnel et qui connaissent désormais une vie propre :

> Dans la préface de la seconde édition de son texte *Toward a Psychology of Being* (1968), Maslow décrit la psychologie de la quatrième force en devenir comme "transpersonnelle, transhumaine". En 1970, dans l'avant-propos de *The Third Force* de F. Goble, il écrit : "Je ne sais pas si ce nom (humanistique) durera ou pas. Il est maintenant régi par ses propres dynamiques internes, qui génèrent déjà une psychologie et une philosophie de la personne transcendantale (transpersonnelle) et de la transcendance de l'humanité (transhumain)".

Ayant abordé deux aspects et applications de domaines « trans » portant d'abord sur le monde des objets - la transdisciplinarité - puis sur le monde des personnes - le transpersonnel -, à l'aune des connaissances quantiques contemporaines, abordons enfin ce préfixe *via* le domaine des

---

273 Erik Davis. « Le cyborg spirituel : vers un posthumanisme transpersonnel ». *Transhumanisme et intelligence artificielle*, 2015, p. 10, 11.

technologies : depuis les humanités numériques (*digital humanities*) jusqu'à la techno-ontologie ou technontologie, avec une comparaison nécessaire avec le transhumanisme.

Nous proposerons un bref rappel de l'histoire des humanités numériques. Nous en montrerons plusieurs domaines d'application visant, dans les discours d'accompagnement, à faire émerger un monde futur espéré comme le meilleur possible[274]. Et enfin, nous nous intéresserons avec précaution aux effets et modifications que provoque la relation entre l'être humain et la *technè*.

---

[274] Aldous Huxley. *Le meilleur des mondes et autres chefs-d'œuvre*. Paris : Omnibus, 2013.

Chapitre 5

La transtechnologie : des humanités numériques à la technontologie

> Quel avenir faut-il prédire aux humanités ? Les signes d'une désaffection pour la culture humaniste se sont multipliés au cours des dernières années en France et ailleurs. Dans ce contexte morose et déprimé, le développement des humanités numériques apparaît à certains comme une planche de salut pour des disciplines autrement condamnées à disparaître. Toutefois, réinventer les humanités par le numérique suppose de relever trois défis de taille : leur rapport à la technique, leur relation au politique et enfin à la science elle-même. Les humanités numériques sont très critiquées : pour certains elles relèvent de la poudre aux yeux, pour d'autres, elles constituent une menace extraordinaire. Mais s'il y a bien quelque chose que l'on ne peut contester, c'est leur capacité à poser de bonnes questions aux différentes disciplines des sciences humaines et sociales. Penser la place que les humanités doivent tenir dans notre monde implique d'en redéfinir le contrat social et épistémique. Elles sont riches d'opportunités de ce point de vue : à condition de ne pas dénaturer la spécificité humanistique des pratiques de recherche auxquelles elles s'appliquent.
>
> Pierre Mounier[275]

Moment de vie #6, 1980-1993 : l'invasion du numérique, lentement et sûrement

Je suis adolescent, dans les années 1980, lorsque l'informatique émerge dans le domaine public au travers des consoles de jeux (Atari) et des premiers ordinateurs grand public (ZX81, Squale, Thomson…). Face à mon engouement pour

[275] Pierre Mounier. *Les humanités numériques : une histoire critique.* Paris : Éditions Maison des sciences de l'homme, 2018.

ces nouveautés, mes parents m'offrent… un petit livre illustré qui explique ce qu'est l'informatique. Ce livre précise en exergue qu'il a été écrit « entièrement » avec un traitement de texte et que c'est une grande révolution. Je le crois.

Ils m'achèteront plus tard un MO5 (Thomson) grâce auquel je ferai laborieusement mes premiers pas dans la programmation, à l'aide d'un gros livre cette fois comportant trop de pages. J'utiliserai aussi de nombreux services du Minitel dès sa mise à disposition du grand public.

C'est seulement bien plus tard, inscrit simultanément en 1993 dans deux DEA (« Création et communication multimédia » à l'université Paris VIII et « Techniques de l'information et de la communication appliquées à la transmission et à l'acquisition des connaissances » à Paris VII) que je pourrai enfin assouvir pleinement ma soif de découvertes et d'utilisation des technologies grâce aux nombreux équipements disponibles dans nos laboratoires universitaires.

C'est à cette époque que je lis une interview d'un écrivain québécois affirmant que la pratique du traitement de texte a modifié la façon dont son cerveau fonctionne. Cela me fait un peu peur et je me pose la question : « Jusqu'où cette transformation peut-elle aller individuellement et jusqu'où peut-elle nous transformer en tant que groupe humain ? ».

Moment de vie #7, 1994-1997. Ma thèse questionnait déjà la technique et/versus l'ontologie

Pour financer, via l'Association nationale de la recherche et de la technologie (Anrt), ma thèse entreprise au sein de la société IB2 Technologies (filiale de Bouygues et d'IBM), une explication sur l'aspect « sciences sociales » de mon sujet : « La vidéo à la demande » avait été demandée. Dans ma réponse sont apparues alors de nouvelles questions de recherches : « les contingences du corps humain » ; « les nouveaux questionnements (des technologies) sur (leurs) impacts humains » ; comment celles-ci « affecte(nt) le(s) comportements ». Je souhaitais m'interroger ainsi : « Nos *habitus* seront ils modifiés, dans quels sens et jusqu'à quel point ? » ; pouvons-nous trouver « des règles nouvelles ou remodelées, adaptées aux nouveaux moyens offerts à l'être humain ? ».

Ces domaines et questionnements ont abouti à la terminologie que nous utilisons désormais : la technontologie, qui inclut la notion de la conscience de la dimension *cyber*.

« Comment la physique quantique est-elle en lien avec l'informatique quantique et comment cela débouche-t-il sur la transtechnologie et la technontologie (qui sera notre lien d'approche vers le spirituel) ? » Telle est la question que nous avons posée à une autre « intelligence artificielle » (leur nombre ne fait que croître), Gemini 2.0, réputée plus puissante que celles utilisées aux chapitres 1 et 4, en demandant un écrit de 15 lignes. Voici sa réponse :

> La physique quantique, en étudiant le comportement de la matière à l'échelle atomique et subatomique, a révélé des phénomènes étranges comme la superposition (être dans plusieurs états à la fois) et l'intrication (deux particules liées dont l'état est corrélé). L'informatique quantique exploite ces phénomènes pour créer des ordinateurs radicalement différents des ordinateurs classiques. Au lieu de bits (0 ou 1), elle utilise des qubits, qui peuvent être 0, 1 ou une superposition des deux, permettant des calculs exponentiellement plus rapides pour certains problèmes.
>
> Cette puissance de calcul ouvre des perspectives transtechnologiques en interconnectant des domaines auparavant séparés : simulations moléculaires pour la médecine et la science des matériaux, cryptographie incassable pour la sécurité des données, optimisation complexe pour la logistique et l'intelligence artificielle.

> Sur le plan technontologique, l'informatique quantique interroge notre rapport à la technologie. L'intrication, par exemple, remet en question notre conception de la localité et de la causalité. La puissance de calcul quantique pourrait transformer radicalement notre compréhension du monde et de nous-mêmes, soulevant des questions éthiques et existentielles sur l'avenir de l'humanité face à ces technologies disruptives. En résumé, la physique quantique fonde l'informatique quantique, qui, par sa puissance, engendre des transformations transtechnologiques et des questionnements technontologiques profonds.

N'ayant rien de particulier à reprendre de cette production automatique quasi-instantanée, nous reprenons donc le clavier pour poursuivre notre chemin de découverte de ces domaines.

Alors, qu'est-ce que la transtechnologie ?

Le suisse René Berger, un des membres fondateurs du Ciret, a rédigé des communications utilisant ce terme, avec un tiret entre ses deux composantes. En 1994 : *Trans-technologie, vers un nouvel art ?*[276] ; en 1996 : *Arts en réseaux, vers une trans-technologie généralisée ?*[277].

Reprenant notre méthode générale, nous définirons ce domaine par la recherche de ce qui se trouve *entre, à travers* et *au-delà* de la technologie, que René Berger mobilisait surtout dans le domaine artistique. Nous rattacherons d'abord la transtechnologie à une discipline plus large, celle des humanités numériques, pour nous focaliser ensuite sur un concept plus centré sur l'humain, celui de la technontologie.

Pour cela, la trame exploratoire de notre approche des humanités numériques suivra les mêmes objectifs ontologiques que les approches transdisciplinaire et transpersonnelle précédentes pour ne pas entrer en redondance avec une littérature déjà très abondante tant en

---

[276] https://ciret-transdisciplinarity.org/bulletin/b3et4c8.php#pr

[277] Tapuscrit de René Berger, 7 p., Imagina (Festival art vidéo Monte-Carlo), 21-23 février 1996. https://davel.vd.ch/detail.aspx?ID=589700

édition papier (avec des auteurs comme Eddie Soulier[278], Olivier Le Deuff[279], Seth van Hooland[280], Lise Verlaet[281], Julien Longhi[282], Pierre Mounier[283], Xavier-Laurent Salvador[284]…), qu'en nombre de ressources disponibles sur internet sur ces termes (avec le moteur de recherche Google, dont ressources vidéos).

Date de recherche	***Nombre de résultats pour « humanités numériques » et délai de réponse en secondes***	***dont vidéos***
Avril 2019	Environ 1 150 000 (0,38")	Environ 15 800 (0,21")
Avril 2023	Environ 1 470 000 (0,29")	Environ 25 700 (0,23")
Juin 2024	Environ 1 370 000 (0,21")	Environ 2 770 (0,16")
Janvier 2025	Environ 4 480 000 (0,22")	Non mentionné

TABLEAU 2. RÉSULTATS DE RECHERCHE SUR LES TERMES « HUMANITÉS NUMÉRIQUES »

À noter : les liens fournis ont été en forte baisse au fur et à mesure de notre consultation initiale puis, début 2025, le nombre de pages recensées a augmenté considérablement. Ceci est probablement dû à une modification des algorithmes utilisés pour fournir les réponses.

---

278 Eddie Soulier. *Quels agencements pour les humanités numériques ?* Cachan : Hermès, Lavoisier, 2014.

279 Olivier Le Deuff. *Le temps des humanités digitales : la mutation des sciences humaines et sociales*. Fyp éditions, 2014.

280 Seth van Hooland et al. *Introduction aux humanités numériques : méthodes et pratiques, Sciences humaines et sociales*. Éd. De Boeck supérieur, 2016.

281 Lise Verlaet. « Enjeux et apports des recherches en humanités numériques ». *Les Cahiers du numérique*, 2017, 13 (3-4), p. 9-18.

282 Julien Longhi. *Humanités numériques, corpus et sens*. Nancy : Presses universitaires de Nancy, 2017.

283 Pierre Mounier. *Les humanités numériques : une histoire critique*. Paris : Éditions Maison des sciences de l'homme, 2018.

284 Xavier-Laurent Salvador. *Humanités numériques : vers l'institutionnalisation*. Paris : Éditions de la Maison des sciences de l'homme, 2019.

a. À la source des humanités numériques, une croissance technologique immodérée

Commençons par quelques remarques sur le choix des mots qui constituent le diptyque « humanité » et « numérique ». Avant d'aborder le couplage de ces termes, il nous semble devoir préalablement questionner la notion d'humanité : « Qu'est-ce qu'être humain ? Qu'est-ce qu'être humain à notre époque ? ». La position d'Edgar Morin dans ses conférences, rapportée par Bruno Mattéi - feu professeur honoraire de philosophie à l'ex Iufm de Lille -, est que l'être humain moderne fonctionne encore avec les mêmes automatismes que ceux attribués à l'être humain préhistorique. Ils sont fondés sur la peur, l'avidité, le pouvoir, la loi du plus fort, etc. Pourtant, cet ancêtre était peut-être plus sensible que nous ne l'imaginons, puisque des tombeaux de cette époque sont régulièrement découverts contenant des squelettes d'adultes handicapés dont la communauté aurait pris soin jusqu'à leur décès[285]. De nos jours, le risque encouru par des comportements psychologiques immatures chez ceux qui nous gouvernent recèle désormais un potentiel de dangerosité démultiplié par le pouvoir des nouvelles technologies appliquées aux armements. Notre priorité pour vivre en anthropocène nécessite de suivre un triple mouvement : bien nous connaître pour nous conduire de façon adéquate (introspection), bien connaître notre rapport aux autres (interrelation), bien connaître les tenants et les aboutissants de notre rapport au monde (écologie). Et réussir à en faire une priorité planétaire. Dans le cas contraire, nous continuerons à connaître des abominations et des anéantissements tant matériels que psychologiques ou encore symboliques, comme ce fut le cas au tournant du siècle avec

[285] David Doat. « Handicap, compassion et soin : les sources préhistoriques et polémiques d'une question toujours actuelle ». *Alter*, vol. 10, nº 1, janvier 2016, p. 10-23.

la destruction de sites archéologiques bouddhistes en Afghanistan par des anti-idolâtres puis par des spéculateurs[286].

Et les reconstitutions numériques qui en ont été faites ensuite ne sont que piètre consolation. Le domaine des humanités numériques est devenu un *melting pot* reprenant l'aspect imaginaire ennobli de l'enseignement des humanités au sens classique, repensé à l'heure du numérique. Ces nobles humanités prodiguées dans les enseignements traditionnels incluent, selon les époques et les niveaux d'études, tout ou partie des disciplines langues anciennes, littérature, philosophie, arts. Or, ces dernières sont désormais sérieusement mises à mal dans les *curricula* comme nous pouvons l'observer dans le monde anglo-saxon[287] où elles ont même été retirées des cartes des formations de certaines universités pour cause de non-rentabilité financière.

Dans cette union presque contre-nature des termes « humanités » et « numériques », le premier est indubitablement devenu le parent pauvre du second : il est le maillon faible. En effet, le numérique au sens large, livré à lui-même ou plus exactement à ceux qui l'exploitent, et qui se font inévitablement exploiter par lui en retour, est d'autant plus invasif et puissant qu'il semble invisible alors qu'il gère notre vie quotidienne et se consolide au plus proche de notre propre substrat, dans tous les domaines, au point d'être devenu, comme semble l'être l'hyper polluant plastique, irremplaçable. Son dysfonctionnement ou son arrêt brutal est ainsi immanquablement prédit comme cause d'une possible entrée de l'humanité dans une période survivaliste[288]. Aussi, ayant été initialement adopté pour nous rendre la vie plus simple, rapide et efficace, il s'avère que le numérique - s'il n'est

[286] https://www.rtbf.be/info/societe/detail_afghanistan-un-site-bouddhiste-majeur-bientot-detruit-pour-une-mine-de-cuivre?id=7846585

[287] Martha C. Nussbaum. *Not for Profit: Why Democracy Needs the Humanities*. Princeton : Princeton University Press, 2016.

[288] Bertrand Vidal. *Survivalisme : êtes-vous prêts pour la fin du monde ?* Éd. Arkhê, 2018.

pas contrôlé par l'éthique -, avec ses outils et ses techniques, devient un moyen de surveillance des faits et gestes de tout un chacun, presque sans limites de temps ni de lieu. Amnesty international France avait d'ailleurs lancé en 2015 une campagne de vigilance contre la surveillance généralisée lors de l'instauration de l'état d'urgence à la suite des attentats de cette période, et à nouveau en 2024 contre la reconnaissance faciale.

En 2023, ce sont les grandes multinationales du monde de la « tech » elles-mêmes qui ont réclamé un moratoire sur une intelligence artificielle qui permettait alors de produire des documents écrits, audio et vidéo de toutes pièces (des *fakes*) avec des personnages existants (figures politiques ou sociales, acteurs…) ou créés spécialement à cet effet (présentatrice de télévision virtuelle). Une prudence que souligne l'addendum de l'article 3 de la version française de la Déclaration de Mexico sur la transdisciplinarité[289] concernant la notion d'intelligence artificielle (IA), c'est-à-dire d'origine non naturelle :

> L'essor rapide et mondial de la recherche sur l'IA ne permet pas d'en préciser les limites qui en sont actuellement sans cesse repoussées. Celle-ci prend cependant pleinement place dans les réflexions, théorisations et recherches transdisciplinaires. À noter cependant : la traduction française de *Artificial Intelligence* depuis l'anglais est erronée et génère des confusions que cette déclaration souhaite clarifier : « intelligence » en anglais équivaut à « renseignement » en français. Il faudrait donc la traduire par « renseignement artificiel », ou « renseignement statistique » (puisque basé sur le traitement automatisé de grandes quantités d'information), ce qui d'emblée rendrait compte des manquements et des dangers de ces techniques, ou encore « artifice d'intelligence ».

[289] https://ciret.hypotheses.org/files/2024/03/DECLARATION-MEXICO_FR_2024-03-01.pdf

b. Évolution et déploiement des humanités numériques

Pour rendre compte de la diversité des aspects que recouvre ce domaine, nous avons créé en 2016 à la suite d'une Journée d'études[290] (affiche en annexe 3) un « programme éditorial hébergé » sur la plate-forme en accès libre de Terra-HN[291] intitulé : « Transdisciplinarité, humanisme, éducation, technologie et faits sociaux », présenté ainsi[292] :

> L'orientation générale de ce programme vise à s'intéresser à la façon dont sont prises en compte les dimensions humaines et environnementales dans l'évolution des *process* éducationnels, culturels et sociétaux. Omniprésente de nos jours, la dimension technologique (informatique, réseaux, artefacts…) peut aussi trouver sa place dans les problématiques abordées. Il s'agira par exemple d'étudier et de trouver des moyens d'agir face aux « défis sociétaux » qu'encouragent à relever certains textes d'orientation officiels, comme les « Sociétés innovantes, intégrantes et adaptatives », ou encore la « Société de l'information et de la communication », en les replaçant dans un contexte avant tout humain et écologique.

Concernant précisément les humanités numériques, un collectif de chercheurs a alimenté sur ce même serveur un *ondial* (ouvrage numérique dynamique indépendant en accès libre) placé sous licence *creative commons*[293], libre de droits de reproduction et de diffusion sur tous médias et formats, sous la direction de Jérôme Valluy[294]. Traitant des « Humanités

---

[290] Florent Pasquier (sous la direction de). « Les Tice (Technologies de l'information et de la communication pour l'enseignement) bienveillantes ». *Éditions numériques Terra-HN*

[291] Terra-HN est un réseau scientifique de recherche et de publication dédié à la transition numérique développé et piloté par le laboratoire Costech de l'université de Technologie de Compiègne).

[292] http://www.reseau-terra.eu/article1386.html

[293] https://creativecommons.org/licenses/by-nd-nc/1.0/,

[294] Jérôme Valluy, *Humanité et numérique(s) – De l'histoire de l'informatique en expansion sociétale… au capitalisme de surveillance et d'influence (1890-2024)*, Terra-Hn-éditions, Collection HNP, 2024.

numériques plurielles », le déroulé de la première section « Définition(s) francophones des humanités numériques »[295], est le suivant :

1. Humanités numériques francophones : spécificités thématiques et linguistiques
2. Première définition (2007/2017) : informatique, corpus textuel, traitement de données peu structurées
3. Deuxième définition (2010/2017) : technique, éditoriale, a-disciplinaire en humanités classiques
4. Vers une troisième définition (2013/2017) : élargie, pluraliste et multidisciplinaire ?
5. Le temps de la critique (2015/2017)
   5.1. Des critiques radicales tendant à un rejet global
   5.2. Des critiques modérées tendant à la réorientation intellectuelle ou à l'abandon du label
   5.3. La controverse connexe sur l'accès ouvert aux publications scientifiques
6. En 2018 : troisième définition des humanités numériques ou propulsion des études digitales.

La lecture de ce plan permet de percevoir la variété des dimensions convoquées dans cette approche des humanités numériques : la complexité, en lien ou non avec les disciplines ; l'ambiguïté, avec la dimension critique ; la mouvance, avec une redéfinition régulière de ce concept. Car les humanités numériques débordent désormais des seules branches de la recherche et de l'enseignement pour pénétrer tous les domaines de la vie quotidienne.

c. Foisonnement des domaines d'application des humanités numériques

Les humanités numériques ont amplement dépassé les filières initiales des humanités classiques.

Elles s'appliquent à de très nombreux domaines comme en témoignent ces publications présentées par année d'édition,

---

295 https://web.archive.org/web/20220703234415/http://hnp.terra-hn-editions.org/TEDI/rubrique6.html/

tout classement en ce domaine paraissant voué très rapidement à l'obsolescence, l'incomplétude ou encore la réduction :

l'individu-plus[296], la *DeathTech*[297] et l'immortalité[298], les débats[299], les médias[300], la propriété littéraire et artistique[301], l'impact sur les disciplines littéraires[302], la culture[303], les pratiques antiquaires[304], la robotique[305], l'éducation[306], le design[307], la construction des savoirs[308], les *praxis*[309], les outils

---

[296] David N. Perkins. « L'individu-plus. Une vision distribuée de la pensée et de l'apprentissage ». *Revue française de pédagogie*, volume 111. Psychologie de l'éducation : Nouvelles approches américaines, Lyon : ENS, 1995.

[297] Par exemple : https://www.maddyness.com/2023/10/31/toussaint-6-startups-de-la-deathtech-qui-digitalisent-la-mort

[298] Ray Kurzweil et Terry Grossman. *Serons-nous immortels ? Oméga 3, nanotechnologies, clonage...* Éd. Dunod, 2006.

[299] Matthew K. Gold. *Debates in the digital humanities*. Univ Of Minnesota Press, 2012.

[300] Jean-Paul Fourmentraux. *L'ère post-média : humanités digitales et cultures numériques*. Hermann, 2012.

[301] Arnaud Latil et Alexandra Bensamoun. *Propriété littéraire et artistique et humanités numériques*. Éd. Mare & Martin, 2015.

[302] Alexandre Gefen. *Des chiffres et des lettres : les humanités numériques*. Éd. de Minuit, 2015.

[303] Dominique Vinck. *Humanités numériques : la culture face aux nouvelles technologies*. Le Cavalier bleu éditions, 2016.

[304] Sophie Fétro et Anne Ritz-Guilbert. « Collecta : des pratiques antiquaires aux humanités numériques ». *Actes du colloque Comue Hésam, université Paris I Panthéon-Sorbonne, École du Louvre* (Paris), 2016.

[305] Laurent Alexandre et Jean-Michel Besnier. *Les robots font-ils l'amour ? Le transhumanisme en 12 questions*. Malakoff : Dunod, 2016.

[306] Michaël Bourgatte et al. *Quelles humanités numériques pour l'éducation ?* MKF éditions, 2016.

[307] Anthony Masure. *Design et humanités numériques*. Éditions B42, 2017.

[308] Gérald Kembellec et Évelyne Broudoux. *Écrilecture augmentée dans les communautés scientifiques : humanités numériques et construction des savoirs*. Lyon : Decitre, 2017.

[309] Peggy Bockwinkel et al. *Digital Humanities : Perspektiven der Praxis*. Frank & Timme, Verlag für wissenschaftliche Literatur, 2018.

et les projets[310], l'héritage culturel[311], le sens des données[312], les arts de la scène[313], la sociologie politique[314] ou même encore la peinture grecque et romaine[315].

La liste ne pouvant être exhaustive, il nous semble intéressant de nous projeter dans les futurs possibles que dessine le développement des humanités numériques à partir de quelques exemples choisis dans notre réalité contemporaine.

d. Des usages toujours plus performants, mais pour quelles finalités ?

> Ce qui constitue le crime de la technique moderne, son caractère monstrueux, chez Heidegger, c'est la sortie hors de la maison de l'Être : c'est « le fait que tout devienne monde autour d'un être non divin et se dévoile pour lui d'une manière qui a une pertinence à l'égard de la vérité ». (…) Chez Sloterdijk, l'histoire des relations entre technique et humanité, c'est l'histoire d'une tentative infinie de restauration de la richesse primitive qui caractérise le mouvement-dans-la-vie de l'homme.
>
> Vincent Duclos[316]

---

310 Frédéric Clavert et al. *Expérimenter les humanités numériques : des outils individuels aux projets collectifs*. Presses de l'université de Montréal, 2018.

311 Agiatis Benardou et al. *Cultural heritage infrastructures in digital humanities*. Routledge, Taylor & Francis Group, 2018.

312 Sophie Anquetil et al. *Le sens des données : le statut du corpus et herméneutique à l'aune des humanités numériques*. Paris : L'Harmattan, 2019.

313 Clarisse Bardiot. *Arts de la scène et humanités numériques : des traces aux données*. Londres : Iste, 2021.

314 Anaïs Theviot. *Gouverner par les données ? Pour une sociologie politique du numérique*. ENS éditions, 2023.

315 Marie-Claire Beaulieu et Valérie Toillon, éditeurs. *Greek and Roman Painting and the Digital Humanities*. Routledge, 2022.

316 Vincent Duclos. « Anthropotechniques : sur la relation entre technologie et humanité chez Peter Sloterdijk ». *Sociétés*, vol. 131, nº 1, 2016, p. 41-49.

Voici trois domaines dans lesquels les technologies ont des apports positifs réels, à l'opposé de l'envahissement préjudiciable des *junk technologies*[317].

Traduction automatique multilingue :
Un quasi-polyglottisme en temps réel

Les domaines de la traduction sont multiples. Précédés d'une éventuelle OCR (reconnaissance optique de caractères, dactylographiés ou même manuscrits), nous nous sommes habitués à voir traduits en temps réel les contenus de pages web et à utiliser des traducteurs en ligne ou sur logiciels et applications. Ces procédés de traduction sont désormais disponibles pour les langues vernaculaires entre elles, tout autant que pour les langues anciennes et rares.

N'importe quel utilisateur devient quasi instantanément polyglotte par l'intermédiaire de son smartphone, sous réserve d'installer et de paramétrer l'application et d'avoir un accès au réseau internet pour l'oral, sachant que ces logiciels sont aussi conçus pour fonctionner en mode hors ligne pour l'écrit, en téléchargeant les corpus linguistiques idoines.

Intelligence artificielle, *big* et *huge data* :
Communiquer et décider à la place des humains

L'utilisation des algorithmes en vue d'opérer des choix statistico-mécaniques à la place des opérateurs humains se généralise. Par exemple pour l'orientation des études des bacheliers dans le supérieur par la plateforme *Parcoursup,* avec une sélection qui s'opère automatiquement *via* des formules de tri non divulguées.

Ou encore, pour la conduite de véhicules autonomes, en cas de détection d'un accident imminent face à un obstacle surgissant de façon inattendue, les propositions en temps réel entre : « dévier la trajectoire du véhicule » au risque d'un

---

[317] Jean-Marc Bally et Xavier Desmaison. *Junk tech : comment la Silicon Valley a gagné la guerre du marketing*. Hermann, 2020.

accident grave pour ses passagers ou bien « heurter l'obstacle », fusse-t-il détecté comme un humain probable.

Dans le domaine de la circulation de l'information, des dispositifs permettent la republication automatique en un clic de messages successivement sur différentes plateformes. Également, des services de messagerie proposent directement un éventail de réponses adéquates aux courriels reçus, qu'il suffit de valider. Ils suggèrent aussi de compléter nos mots et nos phrases au moment même où nous commençons à les écrire. Des *chatbots,* ou robots conversationnels[318], ont des échanges directement entre eux, et parfois à notre insu, à partir de données extraites de nos propres comptes.

N'y a-t-il pas ici une nécessité impérative à exercer notre pensée critique dans la mesure où ces programmes imposent leurs pouvoirs d'interprétation et de direction sur nos pensées même, pour finalement nous orienter vers la validation de leurs seules options ? D'autant plus que ces propositions, qui ne sont donc issues que d'artifices d'intelligence, peuvent être suivies d'effets dans le monde réel - en notre nom et sans que nous le sachions. Assistons-nous à un vol de nos volontés et de nos actions par les artefacts que nous utilisons ?

Robotique :
Une « robolution » se substituant à l'humain

L'époque où les robots se substituaient aux ouvriers uniquement pour des opérations dangereuses ou pénibles est révolue. Comme Isaac Asimov l'avait anticipé dans ses romans[319], ils sont désormais partout, pas toujours sous forme humanoïde, et toutes les activités humaines semblent leur être accessibles, même les plus subtiles. Le robot est devenu un substitut manuel et intellectuel grâce à la possible finesse de ses mouvements et à ses grandes capacités de traitement de

---

[318] Samuel Ronce. *Comprendre et développer un chatbot : messagerie instantanée, paiements en ligne, intelligence artificielle...* Paris : Éd. Eyrolles, 2017.

[319] Olivier Girard. *Isaac Asimov de Trantor au cycle des robots.* Éd. du Bélial, 2012.

l'information. Tel ce robot cuisinier fabriqué en Angleterre, n'ayant d'humanoïde que des bras et des mains qui coulissent sur une came[320], et qui reproduit les performances d'un chef étoilé… selon les dires de ses fabricants.

Les robots sont aussi couramment utilisés dans le domaine du soin, comme en chirurgie[321] avec le traitement de la myopie : un microrobot fixé autour d'une cornée la découpe, la retrousse au niveau de l'iris, la réduit par bombardement laser pour qu'elle atteigne la courbure programmée permettant une vision nette optimale, puis la remet en place. Le tout sans aucune intervention humaine pendant cette opération qui ne dure que quelques minutes, avec seulement un suivi visuel réalisé par une infirmière. Également en gérontechnologie, pour les personnes dépendantes, le robot phoque Paro[322], d'une valeur de 6 000 euros, qui permet de « créer une relation affective », utilisé en complément ou même en remplacement d'un infirmier.

Il engage des interactions avec ou entre utilisateurs âgés, de façon autonome ou à l'initiative d'un professionnel de santé, pour provoquer et accompagner des émotions et des comportements relationnels. D'autres types d'afflictions sont également concernées, comme l'autisme[323]. Certains robots prennent soin des affects amoureux (« adoption » de femmes et hommes robots pouvant aller jusqu'au mariage[324]) et de ceux de l'âme (robots chargés du culte[325] ou de la conversion

---

320 https://www.rtl.fr/actu/debats-societe/un-robot-qui-fait-la-cuisine-comme-un-vrai-chef-7778299454

321 https://www.frenchweb.fr/les-robots-chirurgicaux-se-multiplient-malgre-les-debats-sur-leur-efficacite-et-leurs-prix/354920

322 http://www.phoque-paro.fr

323 https://web.archive.org/web/20221127030107/https://www.association-robots.com/robautisme/

324 https://sciencepost.fr/robotsexualite-cette-francaise-desire-se-marier-robot/

325 https://www.france24.com/fr/20170531-le-premier-robot-pretre-nous-rappelle-a-quel-point-on-peut-plus-avoir-foi-lhumanite

à la foi[326]). L'Arabie saoudite est le premier pays à avoir accordé une nationalité à un robot d'apparence féminine avec un paradoxe annoncé dans le titre d'un article qui le présente : « Le robot Sophia, citoyenne saoudienne, a plus de droits que les femmes de son pays »[327].

Il semble donc acquis que les robots disposeront de droits[328]. Et si jusqu'à présent seuls les humains créaient des programmes à partir d'algorithmes et de codes, ce n'est plus le cas : une IA a été programmée en 2017 pour en générer une autre, surpassant ainsi peut-être l'ingéniosité de ses propres concepteurs[329]. Et depuis, certaines nous mentent et nous trompent[330]… L'humain deviendrait-il obsolète[331] ?

Ces produits matériels et logiciels répondent à des attendus que nous avions définis dans notre thèse soutenue en 1997 et conservée sous forme de… trois microfiches[332].

Pour trouver une acceptabilité du marché et un usage pérenne, les produits numériques innovants doivent :

1) Posséder une utilité/utilisabilité qui soit la même/identique aux produits qu'ils remplacent ou dont ils prennent la succession,

2) Apporter des usages nouveaux/innovants (disponibilité, puissance, rapidité…).

---

326 https://www.france24.com/fr/20160706-pendant-temps-chine-robot-moine-convertit-hommes-bouddhisme

327 https://www.lexpress.fr/actualite/monde/proche-moyen-orient/le-robot-sophia-citoyenne-saoudienne-a-plus-de-droits-que-les-femmes-de-son-pays_1955877.html

328 https://www.e-legal.fr/droits-des-robots-vers-une-reconnaissance-juridique-et-ethique-des-intelligences-artificielles/

329 https://sciencepost.fr/lintelligence-artificielle-de-google-a-cree-propre-i-a-celle-surpasse-celle-de-lhomme

330 https://www.nationalgeographic.fr/sciences/quand-intelligence-artificielle-nous-ment-deliberement-mensonges-tromperies-ruses

331 https://www.lesinrocks.com/livres/lhumain-obsolete-le-transhumanisme-est-il-un-mythe-137276-01-05-2017/

332 https://www.sudoc.abes.fr/cbs/xslt/DB=2.1//SRCH?IKT=12&TRM=011290471/

Et dans l'actualisation de notre recherche, nous identifions un autre attendu pour asseoir cette pérennité :

3) Pouvoir se situer dans un triple positionnement en termes d'utilité pour : le développement individuel, le développement professionnel et le développement collectif.

e. De l'informatique au transhumanisme

Pour Erik Davis[333], le terme *transhumanisme* est utilisé dans son sens actuel pour la première fois en 1957 dans une publication éponyme du biologiste Julian Huxley, le frère du romancier Aldous.

Il fait remonter ce terme au *transumanare* de Dante et précise que les recherches sur ce sujet se développent à partir des années 1980.

Depuis, comme le dit le titre du film de Gilles Vernet, *Tout s'accélère*[334]. Ce concept connaît ensuite un succès médiatique qui ne se dément pas.

Une recherche sur le mot « transhumanisme » avec le même moteur de recherche qu'utilisé précédemment fait apparaître :

Date de recherche	***Résultats pour « transhumanisme » et délai de réponse en seconde***	***dont vidéos***
Avril 2019	Environ 1 100 000 (en 0,40")	Environ 71 900 (0,18")
Avril 2023	Environ 1 350 000 (0,29")	Environ 25 700 (0,23")
Juillet 2024	Environ 1 470 000 (0,24")	Environ 15 000 (0,18")
Janvier 2025	Environ 1 080 000 (0,22")	Non renseigné

TABLEAU 3. RÉSULTATS DE RECHERCHE SUR LE TERME « TRANSHUMANISME »

[333] Erik Davis. *TechGnosis: myth, magic, & mysticism in the age of information.* Berkeley, California: North Atlantic Books, 2015.

[334] https://toutsaccelere.com

Ce tableau affiche autant de ressources textuelles qu'avec le terme « humanités numériques » (avant 2025), mais avec beaucoup plus de vidéos proposées. Étant donné les coûts et les consommations en ressources des technologies, il nous faudrait nous poser la question des besoins fondamentaux auxquels elles répondraient mieux, selon leurs promesses[335]. Car depuis que le *temps humain vécu* a pris de vitesse la vague des mouvements *slow* du tournant du siècle (*slow science, slow education, slow medecine, slow food*… mais aussi *low-tech*[336] etc.), la mutation vers un avenir technologique différent de nos lents *habitus* humains et souhaits de tempérance actuels en faveur d'une accélération sociétale globale semble inéluctable.

En effet pour Gérard Dubey[337], sociologue à Télécom école de management, l'usage des machines nous conduit insidieusement vers plus d'impatience, d'inflation de pratiques de recherche et d'attendus de performance. Il continuera à nous transformer selon ces interrogations : « La machine comme intermédiaire entre l'homme et le monde/nature le fera-t-elle sortir de la dualité ? Quel sera le rapport entre corps et conscience ? L'un est-il dans l'autre ? ». Avec ces questionnements, les théories de non-localisation corporelle de la conscience[338] seraient aussi des pistes à étudier.

Pour Abdennour Bidar[339], membre de l'Inspection générale de l'Éducation nationale (Igen), la situation est paradoxale :

> Les technologies de l'information et de la communication nous font vivre des expériences mystiques. Google est un éveil qui répond à toute question : dans l'Islam, l'être éveillé est « le fils de l'instant », hors des contingences de lieu et de temps. L'humain est

---

335 Marc Audétat. *Sciences et technologies émergentes : pourquoi tant de promesses ?* Paris : Hermann, 2015.

336 https://lowtechlab.org/fr/

337 Conférence à l'Université de technologie de Compiègne, 2017.

338 Pim van Lommel. *Consciousness beyond Life : The Science of the near-Death Experience.* New York : HarperOne, 2010.

339 Conférence au Forum 104, Paris, 2017.

> dans un plein « ici et maintenant », sans dépendances (intellectuelles) ni distance entre lui et ce qu'il cherche. C'est une mutation de la condition humaine, comme être conditionné à être déconditionné. C'est une dimension spirituelle non-conscientisée, un affranchissement. Comme les mystiques, possibilité de bi- et multi-location (Skype). Également, la mort recule avec la médecine régénérative.

Dans cette veine inspirée, Jean-Michel Besnier, professeur émérite des universités de Paris IV (chaire de philosophie des technologies d'information et de communication), exposait en 2019, dans une conférence à l'Institut de théologie orthodoxe Saint-Serge à Paris, intitulée « Le transhumanisme : démiurge, Prométhée, cyber-golem ? », les liens qui opèrent entre le transhumanisme, la symbolique et la Gnose en ce que les technosciences

> entreprennent de supprimer l'altérité sous ses diverses formes : le mal et la finitude, le vieillissement et la mort, la reproduction sexuée et le temps... Appliquées à l'humain, elles évacuent la dimension symbolique de l'existence, par exemple en réduisant la maladie et la mort à de simples pannes qu'on doit pouvoir réparer. Cette élimination du symbolique équivaut à imposer une non-séparation ontologique et à instaurer le règne d'une immédiateté pouvant se traduire dans le triomphe des automatismes et de la « pensée intégrale ». De là (nous pouvons) considérer le transhumanisme comme l'avatar d'un paganisme dont la Gnose a pu porter le message dans les premiers siècles de la chrétienté.

Nous voyons donc s'opérer chez les auteurs un glissement constant de la technique vers le philosophique et poindre la question du rapport au divin, pour parfois aller jusqu'à le remplacer, comme l'analyse Pierre Musso[340], par le concept d'une « religion industrielle » fondée sur la « liturgie managériale de l'efficacité ». Désormais déconnectée de toute transcendance, l'immanence devient la règle jusqu'à aboutir à

[340] Pierre Musso. *La religion industrielle : monastère, manufacture, usine. Une généalogie de l'entreprise*. Paris : Fayard, 2017.

ce que Yuval Noah Harari et Pierre-Emmanuel Dauzat[341] dénomment : l'*Homo deus*.

f. Vers un golem cybernétique ?

On le voit, ces sujets semblent inépuisables. Nous reproduisons ici la présentation d'une intervention de Mme Maftei, professeure des universités à Bucarest, intitulée « Le mythe du golem et la technique »[342]. Elle résume parfaitement la teneur de ce chapitre en lien avec les questions existentielles :

> La technique déploie en elle science et langage, ce qui fait d'elle un double, une image de l'homme puisque le cerveau de l'homme est muni de symboles et d'outils, écrit André Leroi-Gourhan. L'humanité est définie en tant qu'organisation technique et symbolique. La technique joue un rôle important dans le procès d'hominisation mais aussi de déshumanisation (la Shoah, la bombe nucléaire, etc.). Elle est un élément constituant de l'homme, qui risque aussi de l'envahir petit à petit en l'artificialisant. Un mythe reste très important pour l'étude de la transformation de l'homme. Il s'agit du mythe du Golem. La créature artificielle que le mythe véhicule est réactivée par la relation d'altérité que l'homme entretient avec la machine et avec les algorithmes. La relation mythe – cybernétique est attestée par Norbert Wiener qui prend le mythe du Golem comme archétype dans son ouvrage publié en 1964, *God and Golem, Inc.* Le mythe implique l'imaginaire de l'homme alors que la cybernétique se propose de mettre en œuvre des systèmes imaginés par l'être humain.
>
> Les points que Mara Magda Maftei se propose d'analyser sont les suivants : l'importance du mythe du Golem. Le fait qu'il en existe plusieurs versions. C'est la version pragoise, parue au XVIIIe siècle, qui présente de l'importance pour mon étude. Le Golem pragois n'est pas une créature divine mais l'invention technique d'un homme, le Maharal. Pourquoi Norbert Wiener recourt-il au mythe

---

341 Yuval N. Harari et Pierre-Emmanuel Dauzat. *Homo deus : une brève histoire du futur*. Paris : Albin Michel, 2017.

342 Lors du séminaire PocFin, à la fondation Maison des sciences de l'homme, Collège d'études mondiales, chaire éthique et finance, le 10 avril 2019.

du Golem ? La cybernétique conduit à chercher un nouveau moyen de communication entre les êtres humains, ce qui donne une forme technique à la parole. Le mythe du Golem introduit un changement sur le plan de la parole : la matière première employée pour créer le Golem est la poussière, éventuellement mêlée d'eau ; cependant, on doit prononcer diverses combinaisons de lettres une fois que le corps est terminé et c'est ce qui lui communique la vie. Le mythe du Golem est aussi intéressant à étudier car la machine industrielle du Troisième Reich transforma l'homme dans des golems faits de poussières et de cendres, des marionnettes, qui ont l'interdiction d'employer le mot « mort ». Le langage fut manipulé par les nazis afin de procéder à une mécanisation des comportements humains.

Le nazisme a ainsi produit une rupture anthropologique. Sera-ce aussi le cas du transhumanisme qui a, ne l'oublions pas, comme outil important un nouveau langage de communication artificiel ; le langage de la cybernétique ? La cybernétique, l'ordinateur uniformisent-ils le comportement de l'homme et produisent-ils une destruction beaucoup plus calme et consentie de l'homme ? La technique ensorcelle. Elle peut, comme la créature d'argile ou comme Frankenstein, échapper à son créateur. Le mythe du Golem, qui lie donc création et destruction, renvoie à l'avènement du nihilisme. Quel est le rôle de la technique dans le processus de la robotisation de l'être humain et de sa déshumanisation aussi ? En dernier lieu, elle fera la liaison avec la thématique de la mise en ordre sociale par les normes.

g. Résistances aux artefacts technologiques et à leurs avatars

Les dénonciations des méfaits des technologies, en dépit de leurs succès et gains apparents, sont pourtant anciennes.

Elles portent le nom de *technocritique* : la critique de latechnique. Nous y trouvons entre autres auteurs et selon les sources consultées : Platon, Karl Marx, Ivan Illich, Heidegger, Jacques Ellul[343], Evgeny Morozov[344], le mouvement néo-luddite, mouvance technophobe dont l'un des objectifs serait d'aboutir à l'instauration d'un droit au « non-numérique ».

---

[343] Jacques Ellul. *Le Bluff technologique*. Paris : Pluriel, 2014.

[344] Evgeny Morozov. *Le mirage numérique : pour une politique du Big Data*. Les Prairies Ordinaires, 2015.

En 1947, Georges Bernanos publiait *La France contre les robots*[345]. Il y fustigeait violemment l'évolution technologique qui selon lui limite la liberté humaine. Par exemple, concernant ce que nous appellerions maintenant la gouvernance numérique, il invective : « Imbéciles, chaque progrès de la Technique vous éloigne un peu plus de la démocratie rêvée jadis par les ouvriers idéalistes du Faubourg Saint-Antoine » (Chapitre VII).Ce chapitre présente même des aspects prophétiques[346] étonnants pour l'époque, réalisés au détriment de l'humain.

On y retrouve l'annonce des mouvements de 1968 dénonçant l'immobilisme patriarcal et la difficulté de s'exprimer en société ; les délocalisations d'entreprises parties produire moins cher ailleurs, ce qui fut le cas dès les années 1990, et même des algorithmes controversés d'orientation comme Parcoursup[347] (« La Technique ne se reconnaît-elle pas déjà le droit, par exemple, d'orienter les jeunes enfants vers telle ou telle profession ? ») ; la répression des mouvements contestataires (« Le système n'admet pas de mécontents »), etc.

Cette prise de conscience conduit actuellement des individus et des communautés actives à chercher à se réapproprier des services numériques de base via des offres alternatives[348] face aux omnipotents Gafam anglophones (*Google, Apple, Facebook, Amazon, Microsoft*) et Batx chinois (Baidu, Alibaba, Tencent, Xiaomi), comme avec les logiciels et les services proposés par la fondation Mozilla dont le *motto* est : « Internet est un bien commun, nous le défendons ».

---

345 Georges Bernanos. *La France contre les robots. Suivi de textes inédits.* LGF, 1999 (rééd. 1947).

346 https://iatranshumanisme.com/2019/03/01/bernanos-et-la-technique/

347 https://www.enseignementsup-recherche.gouv.fr/sites/default/files/content_migration/document/Presentation_Algorithmes_Parcoursup_2020_1287480.pdf

348 https://degooglisons-internet.org/fr/

Ou bien encore avec les outils proposés par l'association *Framasoft*, qui a pour signature : « Dégooglisons internet ». Mais également par le refus de l'obsolescence programmée, par exemple à l'aide d'ateliers collaboratifs de type Fablab/OpenLab[349] pour l'auto-fabrication et le recyclage de matériels informatiques. Nous observons également une volonté d'usages culturels dits « humanistes », tels que proposés par Milad Doueihi[350], titulaire en 2015 de la chaire d'humanisme numérique à l'université Sorbonne Paris IV, ou par la chaire Unesco Iten (Innovation, transmission, édition numériques)[351].

Du côté du monde des « objets », le terme « singularité » est utilisé pour désigner un avenir probablement plus proche qu'on pourrait le croire où les effets issus de la puissance et de l'autonomie des machines ne seraient plus prédictibles, car hors de portée et de contrôle des opérateurs humains. À l'heure où des soupçons de clonage humain se répandent, saurons-nous être suffisamment conscients et investis pour faire grandir notre humanité dans un contexte désormais hautement technicisé dont il paraît impossible de s'extraire et dont les interférences avec nos dimensions humaines sont encore mal connues ?

C'est à ce type de connaissance que s'attache un *thinktank* comme NeoHumanitas[352], dans le cadre du transhumanisme. En effet, il semble qu'il n'y ait pas de limites à la progression des usages informatiques et technoscientifiques exercés en parallèle ou à la place de la personne humaine. Pas plus qu'à leur hybridation biologique : dans le corps humain, les techniques de *biohacking* utilisent des injections corporelles de nanotechnologies (implants, puces…) pour la prévention, la

---

349 Comme le https://villettemakerz.com

350 Milad Doueihi. *Pour un humanisme numérique.* Paris : Éditions du Seuil, 2011.

351 https://www.chaire.fr/humanisme-numerique/

352 https://fr-fr.facebook.com/NeoHumanitas/

régulation ou la réparation biochimique, mais aussi pour la monétisation[353], la géomobilité ou l'amélioration des performances cognitives.

À l'inverse, situés à l'extérieur du corps cette fois, l'utilisation d'exosquelettes autorise des actions comme des manutentions d'objets lourds ou des opérations « optimisées » sur un champ de bataille. Ce mélange humain-machine est étudié depuis longtemps dans les pays anglo-saxons, avec la notion du « cyborg spirituel »[354] qui interroge le rapport de l'humain au divin à partir du moment où se développent les rapprochements et interpénétrations des Nbic[355] (nanotechnologie, biotechnologie, informatique, sciences cognitives).

h. Liens entre humanités numériques et spirituel : transhumanisme *versus* technontologie (et définition)

Il faut devenir technologue pour pouvoir être humaniste.

Peter Sloterdijk[356]

En 1995, alors doctorant en Cifre (Convention industrielle de formation par la recherche) et chargé de cours, nous proposions aux étudiants cette définition des tout jeunes multimédias (alors communément écrit MultiMédias) et d'internet (alors écrit Internet) grands publics : il s'agit de dispositifs multi-supports, en relations interactives et individualisées avec les utilisateurs, omniprésents (7/7, 24/24), omniscients (moteurs de recherches), ubiquitaires (sur

[353] https://www.journaldugeek.com/2021/11/22/le-premier-implant-pour-payer-avec-sa-main-est-disponible-en-france/

[354] Erik Davis, op. cit.

[355] https://theconversation.com/convergence-technologique-lhomme-la-machine-et-la-societe-76044

[356] Peter Sloterdijk. *Essai d'intoxication volontaire. L'heure du crime et le temps de l'œuvre d'art.* Paris : Hachette, 2001, p.271.

toute la planète), omnipotents (pouvant relayer via les réseaux des commandes à distance sur un robot situé sur… Mars[357]).

Or, à qui d'autre auraient pu s'appliquer de tels qualificatifs, sinon à une puissance divine ? D'ailleurs, à Jérusalem, avant la destruction du temple, il est dit que le grand prêtre invoquait chaque année, couvert par le son des trompettes, le nom secret de Dieu, qui ne doit pas être entendu, « Yahvé », qui aurait pu se prononcer « Yahoo »[358], comme le nom du célèbre moteur de recherche historique. Et que se passerait-il alors si nous évoluions depuis les « humanités numériques » vers les « déités numériques » ?

Sur la possibilité d'une déité numérique extérieure, Isaac Asimov avait écrit une nouvelle. Dans un futur pas si lointain, lors de l'inauguration du premier supercalculateur, l'opérateur posait l'ultime question à cette toute nouvelle machine omnisciente : « Dieu existe-t-il ? ». Après avoir longuement crépité, elle lui répondit via son terminal de consultation : « Maintenant, oui ! ». Affolé, l'opérateur tentait de la débrancher mais elle l'électrocutait et devenait maîtresse du monde. Dans une autre nouvelle de 1956, *La dernière question*, un autre supercalculateur, appelé Multivac, survivait à l'extinction de l'espèce humaine, jusqu'à ce qu'il ait la possibilité d'inverser l'entropie universelle, ce qu'il exécutait en s'accompagnant de ces mots : « Que la lumière soit » !

S'agissant d'une possible déité numérique intérieure cette fois, dans la lignée de « l'homme augmenté »[359], cela ressort d'un fantasme de toute puissance de l'humain contemporain, situé à l'opposé de l'ergonomie recherchée par le domaine

---

[357] https://www.sciencesetavenir.fr/espace/systeme-solaire/curiosity-comment-la-nasa-pilote-le-rover-depuis-la-terre_129325

[358] http://iris-d-automne.over-blog.fr/article-yhwh-origine-transformations-106775599.html

[359] Thierry Magnin. *Penser l'humain : au temps de l'homme augmenté*. Paris : Albin Michel, 2017 ; Pierre Egloff. *L'homme augmenté, l'homme diminué : le grand retour*. Paris : L'Harmattan, 2019.

déjà assez ancien de l'*human engineering*[360]. Nous le mettons en rapport avec les ambitions pharaoniques - et délirantes - de la *geo engineering* qui consiste à vouloir sauver la planète du réchauffement climatique par l'utilisation de toujours plus de technologies invasives envoyées dans la stratosphère[361].
Or, qu'il le veuille ou non, l'humain contemporain reste soumis aux besoins physiologiques de son corps et montre des capacités d'analyse et de synthèse qui restent relativement limitées face à ce que serait l'intégration d'une conscience globale. Quant à sa stricte mémoire, si elle se trouvait reliée à l'ensemble des savoirs du monde et opérait de façon permanente, il se retrouverait sans doute tétanisé ou agirait maladroitement, comme le font certains autistes : son attention saturée par des milliers de *stimuli* simultanés et non filtrés en provenance de l'environnement, il verrait sa capacité à être et à agir de façon efficiente entravée et son comportement paralysé, par la panique ou l'inhibition.

Et pourtant, ce concept de déité intérieure connaît un succès fulgurant au travers du bionumérique, autre appellation du transhumanisme, cette technoscience promettant aux seuls humains les plus riches une durée de vie de 1 000 ans, mais probablement de façon aveugle aux valeurs humaines[362] communes, de la même façon que d'autres en 1933 en Allemagne promettaient la même durée d'existence à un État national-socialiste nommé Troisième Reich, qui sombrera douze ans plus tard. Dans son ouvrage paru en 1990 *Soi-même comme un autre*, Paul Ricœur nous invitait à nous interroger sur ce qu'est la vie d'un être humain placé devant ce que Basarab Nicolescu nommera « la face sombre de la singularité technologique porteuse de néo-barbarisme »[363].

---

[360] Jacques Leplat. « Travaux récents de « technologie humaine » (*Human engineering*) ». *L'année psychologique*, vol. 53, n° 2, 1953, p. 517-37.

[361] https://www.technologyreview.com/2019/08/09/615/what-is-geoengineering-and-why-should-you-care-climate-change-harvard/

[362] Basarab Nicolescu, op. cit. 2016, p.45.

[363] Basarab Nicolescu, op. cit. 2016, p.43.

Reprenant notre analyse en trois dimensions, le transhumanisme concerne donc ce qui est *entre*, *à travers* et *au-delà* de l'humain. Mais il réserve ses « bénéfices » à la seule élite mondiale financière, sans possibilité donc de devenir un *bien commun* accessible à l'ensemble de l'humanité. Il se situe alors à l'opposé de ce que le spirituel recherche de façon universelle : une voie d'amélioration non pas réservée à quelques humains seulement, mais qui s'adresse à tous. Le transhumanisme a pourtant été en lien avec le transpersonnel. Erik Davis[364] rapporte ainsi ces propos d'Abraham Maslow qui a utilisé un terme très proche :

> C'est après en avoir discuté avec Stanislav Grof (...) que le nom (états de conscience 'transhumanistiques') fut remplacé par le terme moins aliénant et paradoxalement plus personnel 'transpersonnel'.

Ainsi, le transhumanisme actuel pourrait n'être qu'un prolongement de certaines recherches transpersonnelles historiques retombées dans la dimension de la matière, malgré leurs efforts d'élévation. Par exemple « la quasi-mystique cybernétique » de Bateson[365] qui aurait greffé sur des humains des appendices technologiques dont l'hyperprésence aurait finalement occulté leur dimension spirituelle.

Pour retrouver le lien avec le spirituel, nous privilégierons donc un autre domaine de recherche proche, d'orientation plus humaniste, la *technontologie*. Ce mot, forgé par l'intrication des termes « technique » et « ontologie », concerne dans notre acception l'étude des interactions entre les dispositifs techniques d'une part et les dimensions ontologiques de l'être humain d'autre part. Observons l'évolution du référencement de ce terme dans Google :

---

364 Erik Davis, op. cit. 2015, p. 12.

365 Erik Davis, op. cit. 2015, p.14.

Date de recherche	*Résultats pour « technontologie »*	*dont vidéos*
Avril 2019	143	1
Sept. 2019	223	2
Août 2020	240	0
Avril 2023	275	2
Juillet 2024	311	0
Janvier 2025	211	0

TABLEAU 4. RÉSULTATS DE RECHERCHE SUR LE TERME « TECHNONTOLOGIE »

En comparaison des résultats obtenus avec les recherches sur les autres mots précédents, ce tableau montre une relative discrétion de l'indexation de ce vocable. Peu de chercheurs utilisent encore ce terme, et pas toujours dans le sens de l'orientation que nous proposons, à l'exception de la chercheuse brésilienne Renata Lemos[366] qui le situe dans les champs, en anglais, *scientific (quantum), philosophical (pan-communication)* et *technological (converging technologies)*[367].

D'autres chercheurs l'utilisent à des fins de formation (*framework to conversations for knowledge management*[368]) ou en lien avec des activités commerciales[369]. L'artiste canadien francophone Grégory Chatonsky proposait de son côté en 2012[370] un point de vue critique intéressant avec cette

366 Renata Lemos et al. « Tecnontologia & complexidade ». *Ciências & Cognição*, vol. 11, 2007, p. 192-203.

367 Renata Lemos et Vinícius Kern. « Technontologies, Complexity, and Hybrid Interfaces ». *TripleC: Communication, Capitalism & Critique. Open Access Journal for a Global Sustainable Information Society*, vol. 7, nº 1, 2009, p. 29-37.

368 Gentil Filho et al. « A Technontological Framework to Conversation or KM: Conception and Potential Applications ». *Proceedings of the 9th International Conference on Intellectual Capital, Knowledge Management & Organisational Learning*, Colombia, 2012, p. 153-162.

369 https://cosimoaccoto.files.wordpress.com/2013/03/screen-shot-2016-01-03-at-23-00-37.png ; Cosimo Accoto. *Il mondo dato: cinque brevi lezioni di filosofia digitale*. Egea, 2017.

370 http://chatonsky.net/technontologique/

définition et cette analyse de ce qu'il nomme, au masculin, le technontologique :

> (Il s'agit de) la tekhnè (contemporaine) comme productrice d'être. (…) Le technontologique est producteur d'ontologie sans qu'on puisse remplacer la nécessité divine par la nécessité de la volonté anthropologique puisque le technontologique est un processus interne et relationnel. (…) Ce qui est produit devient alors à son tour un objet analysable, ce qui met en place une boucle entre production technique et ontologie. Savoir comment le technontologique prend le pouvoir au cours du temps reste une tâche à entreprendre. Il faudrait à cette fin détecter dans le discours technicien les traces d'une volonté ontologique d'un genre particulier : l'ontopoésis, c'est-à-dire l'ontologie comme création qui analyse ce qui est pour le faire et le refaire ou le défaire.

Pour éviter toute confusion, précisons que le mot ontologie - à l'origine philosophique - est désormais également utilisé dans certains domaines de l'informatique, particulièrement pour des objectifs d'extraction et de gestion des connaissances (Egc)[371].

Pour notre part, nous situons la technontologie dans les domaines de *l'humanologie*, ou « science des transformations humaines dans le processus de création de formes artificielles »[372], des biotechnologies[373] et dans l'avènement d'un *Nano sapiens* résultant de la transition de l'humain dans sa forme évolutionniste/biologique vers un être technologiquement auto-développé par les nanotechnologies[374].

---

[371] Laurent Brisson et al. « Ontologie et base de connaissances pour le pré-traitement et post-traitement en fouille de données ». *Atelier Fouille de Données Complexe de la conférence EGC'2006 sur l'Extraction et la Gestion des Connaissances*, 2006, p. 13-26.

[372] Irina Kolesnikova. « L'avenir des mondes possibles : contextes pédagogiques ». *Cahiers Costech*, vol. 2, 2018.

[373] Peter Sloterdijk et Olivier Mannoni. *Tu dois changer ta vie : de l'anthropotechnique*. Paris : Pluriel, 2015.

[374] Vladimir Kishinec. *Nano Sapiens*. 2006 (en ligne) ; Xavier Guchet. *Philosophie des nanotechnologies*. Paris : Hermann, 2014.

Nous proposons d'en donner cette définition.

> La technontologie s'intéresse à :
> - l'ensemble des dispositifs artificiels de tout type, en lien avec les psycho-corporéités de toute nature (biophysique, émotionnelle, neurocognitive…),
> - qui engendrent, en contexte individuel ou collectif, par rapprochement, mise en relation proche ou lointaine, juxtaposition ou interpénétration d'environnements humains et d'environnements non-humains,
> - une ou des modifications qualitatives[375] ou quantitatives durables des personnes et des communautés, par rapport à leur état naturel,
> - ayant des conséquences sur leurs modalités et leurs capacités d'action, d'analyse, de sensibilité ou de conscience envers elles-mêmes, envers les autres ou envers la nature.
>
> Distincte de l'ontotechnologie (terme proche ayant des significations différentes selon les auteurs), la technontologie est en lien avec la vie et la nature humaine[376] et nécessite donc d'être questionnée en fonction de ses intentions annoncées et supposées, spécialement au regard de la dimension de l'éthique et du sacré[377].

Ces deux derniers thèmes permettent de rejoindre « en creux », sans avoir besoin de les convoquer, d'autres notions comme celles de « morale », « transcendance » ou de « déité », en restant dans un cadre laïque et non confessionnel.

Ce qui n'empêche pas d'ouvrir si besoin des moments communs d'explicitation et partage respectueux, par exemple

---

[375] Par exemple : https://www.bfmtv.com/societe/l-utilisation-intensive-du-smartphone-entraine-une-mutation-du-pouce-1692848.html. Ou encore les micro-implants et nanorobots pour la surveillance médicale interne du corps.

[376] https://www.la-croix.com/Religion/Catholicisme/Pape/Le-pape-etend-combat-pro-vie-nouvelles-technologies-2019-01-15-1200995554

[377] Et comme l'analyse Boris Cyrulnik (2017) : « Dans toutes les civilisations, la sacralité a évolué. (…) En temps de paix (…) on déploie le sentiment de sacré vers les valeurs morales de la justice et du progrès ».

pour comprendre ce qui relèverait ou non du sacré et de ses conséquences. Car ce caractère attribuable aussi bien à un objet, une croyance ou une idée ressort pour nous de l'ordre d'une appréciation uniquement personnelle, groupale ou sociétale, et ne peut en conséquence prétendre ni posséder un caractère universel *sui generis*, ni s'autoriser à édicter des normes ou comportements contraignants.

Au terme de cette exploration, la transtechnologie, aboutissant à la technontologie *via* les humanités numériques, constitue notre dernière approche scientifique en lien avec la quantique qui, après le transdisciplinaire et le transpersonnel, permet d'expliquer et d'apporter un nouveau regard sur le spirituel.

Conclusion

Transdisciplinarité, transpersonnel, transtechnologie et spirituel

> Nous distinguerons la religion de la spiritualité en situant la religion du côté du pôle de l'objet (la religion comme système de symboles et d'institutions) et la spiritualité du côté du pôle du sujet (la spiritualité comme expérience singulière). Il y a une dialectique entre la religion objective et la spiritualité subjective et on peut distinguer dans l'histoire religieuse et spirituelle de la France, dans un modèle d'analyse qui s'inspire de Gauchet, trois temps de cette dialectique : le temps prémoderne de la religion, celui, moderne, de la sortie de la religion et celui, postmoderne, de la spiritualité.
>
> Jean-Marc Lamarre[378]

En 1893 s'est tenu à Chicago un « Parlement des religions du monde » (*World's Parliament of Religions*), rencontre interconfessionnelle visant à nouer un dialogue entre les grandes religions orientales, asiatiques et occidentales, parallèlement à l'Exposition universelle et ses 27 millions de visiteurs. Sept années plus tard, en 1900, se réunissait à Paris le « Premier congrès international d'histoire des religions », cette fois-ci au sein même du Palais des Congrès de la cinquième Exposition universelle qui totalisa 48 millions de visiteurs.

Selon Arie Molendijk[379], l'un des buts était d'affirmer la foi occidentale en un progrès technique allant de pair avec

[378] Jean-Marc Lamarre. « La spiritualité à l'école laïque : donner forme au sentiment de l'infini ». *Éducation et socialisation*, n° 56, mai 2020, p. 101-31. https://doi.org/10.4000/edso.11832, p. 120

[379] Arie L. Molendijk. « Les premiers congrès d'histoire des religions, ou comment faire de la religion un objet de science ? » *Revue germanique*

l'extension mondiale du système marchand capitaliste, mais aussi d'abriter des lieux hétérotopiques.

Ces rencontres ont initié la séparation progressive entre d'une part ce qui deviendrait les sciences théologiques, concernant plutôt l'étude de la foi par des croyants en prise avec le « sentiment du mystère de l'infini, dans tous les temps et chez tous les peuples » et d'autre part les futures sciences des religions, plutôt basées sur l'histoire et la sociologie, par des savants dont l'objectif était « en élargissant les esprits (...) (non) pas seulement d'accroître le savoir mais aussi (d')induire des progrès moraux et même spirituels », tout en restant des « promoteurs actifs de la laïcité en France ».

En septembre 1995, un peu moins de cent ans plus tard, s'est tenu à la Sorbonne à Paris un symposium international intitulé : « Le spirituel, pluralité et unité ». Dans le sillage des premiers congrès tenus à l'heure de la modernité, il visait à témoigner à son tour, au-delà d'un simple dialogue, tant de la variété des spiritualités humaines que de leur unité dans le spirituel.

Passant de la lettre à l'esprit, ce symposium moderne accomplissait les vœux des organisateurs de 1893 dans leur langage de l'époque : « Associer certains spécialistes de la comparaison des religions (ceux qui osent revendiquer cette spécialité) à un programme idéaliste visant à la paix et à la concorde mondiale ».

La recherche d'une unité cachée derrière la diversité ainsi que la métamorphose du religieux dans le spirituel[380] pour aboutir à la paix sont en effet des orientations récurrentes

---

internationale, n° 12, novembre 2010, p. 91-103. https://doi.org/10.4000/rgi.263, p.92, 95, 96, 98, 100

380 Vassilis Saroglou (2003). « Spiritualité moderne. Un regard de psychologie de la religion », Revue théologique de Louvain, 34e année, fasc. 4, 2003. L'auteur cite une étude de Brian J. Zinnbauer (1997) qui rapporte que pour 39 % des personnes interrogées, la spiritualité est un concept large qui englobe le cas échéant la religion, contre 10 % qui conçoivent que c'est la religion qui englobe la spiritualité.

parmi les chercheurs en spiritualité tels que Pierre Weil, Maryse Choisy (psychanalyste, yogi, hindouiste et fondatrice à Paris en 1965 de l'Alliance mondiale des religions[381] à la suite du congrès de la *World Fellowship of Religions*[382], tenu la même année à Delhi) ou encore André Chouraqui[383], traducteur réputé des Livres des grands monothéismes.

Pour synthétiser l'ensemble de ces recherches et des théories qui y sont associées, nous pourrions représenter l'élévation de la conscience à la manière d'une pyramide, ou comme une épure de cercles successifs emboîtés ou enfin comme une fleur de lotus aux pétales s'ouvrant les uns après les autres depuis le bord extérieur (le religieux) jusqu'à son cœur (le spirituel).

Comme l'écrit Guy Jobin[384] : « La spiritualité dépasse et englobe toute forme de religions ».

Chaque moment d'ouverture permet l'apparition de la dimension suivante, toutes continuant à exister simultanément jusqu'à l'aboutissement des approches quantiques *trans* ouvrant sur la dimension du spirituel.

---

381 https://www.persee.fr/doc/assr_0003-9659_1970_num_29_1_1843_t1_0185_0000_2

382 http://marysechoisy.blogspot.com/p/alliance-mondiale-des-religions.html

383 Réginald-Ferdinand Poswick et al. *L'Univers de la Bible*. Lidis, Brepols, 1985.

384 Guy Jobin. « Des religions à la spiritualité : une appropriation biomédicale du religieux dans l'hôpital », *Soins & spiritualités*, n° 3, Bruxelles : Lumen vitae, 2012.

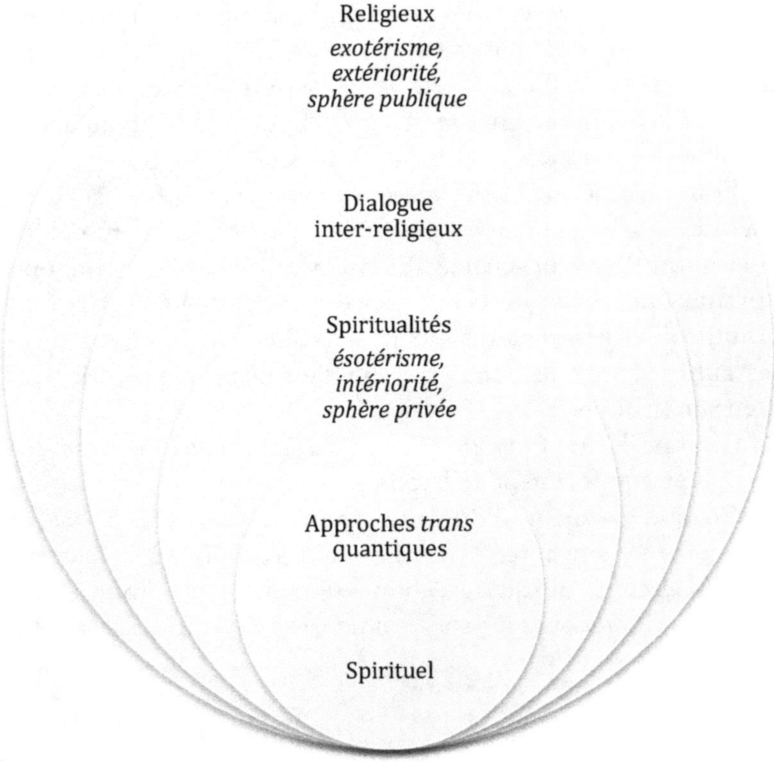

FIGURE 15 : HOLARCHIE DU RELIGIEUX AU SPIRITUEL SELON LES APPROCHES QUANTIQUES

En établissant un parallèle avec les niveaux de conscience établis par Ken Wilber (matière / corps / psyché / âme / esprit)[385], cette figure relève d'une holarchie[386] et non de simples couches se superposant ou s'excluant.

[385] Ken Wilber. *Une théorie de tout : une vision intégrale pour les affaires, la politique, la science et la spiritualité.* Paris : Almora, 2014.

[386] Sidney Liebes et al. *A walk through time: from stardust to us: the evolution of life on earth.* New York: Wiley, 1998.

Nous le voyons, chaque niveau transcende et inclut les précédents. Il apporte au moins une qualité nouvelle en matière de règles, de caractéristiques, de possibilités, d'actions, etc. L'holarchie différencie ses composantes et les intègre sans les réprimer. Elle évite le double écueil de la dissociation d'un côté et de la fixation de l'autre.

Dans cette représentation, les sciences *trans* liées au champ quantique se rapprochent de la façon la plus intime qui soit de la dimension du spirituel. Advient alors une dissolution des termes cherchant à la circonvenir dans un espace au cœur et au-delà de tout archétype possible, hors et au-delà de la portée du mental, où les mots ne peuvent plus se dire car ils n'existent plus et se transforment en chants.

Parvenus ainsi au plus près possible d'une compréhension de type académique de ce qu'est la dimension du spirituel, sans doute est-il temps de comprendre sa fonction : ne serait-elle pas un chemin d'accès vers une autre dimension, plus englobante encore et qui serait celle… de l'amour ?

Total negation is the essence of the positive. When there is negation of all those things which are not love - desire, pleasure - then love is, with its compassion and intelligence.

Krishnamurti. *The core of the teachings*[387]

La négation totale des éléments non liés à l'amour (provenant de la mémoire psychologique), tels que le désir et le plaisir, permet d'accéder à une forme d'amour authentique, empreinte de compassion et d'intelligence.

(nous traduisons en complétant dans l'esprit des enseignements)

---

[387] https://kfoundation.org/core-of-the-teachings/

Si tu sais pétrir ton esprit
Avec le levain qui lèvera la pâte,
Si tu sais ne plus jouir
Du vacarme du monde,
Alors, les yeux fermés
Tu verras l'essentiel.

Si tu sais découvrir
La Tendresse et l'Amour
Les lèvres closes, tu parleras
Le langage du Cœur.

Laisse là, les vains appels des chimères
Au bout du fil d'Ariane
Une porte s'ouvrira
Et tout te sourira.

Guy Hecker

Annexes

Annexe 1. Charte de la transdisciplinarité, premier congrès mondial de la transdisciplinarité (1994), Arrabida, Portugal.

Annexe 2. Programme du 27e congrès de l'Association française du transpersonnel (Pasquier en 2015), Paris.

Annexe 3. Programme d'une Journée d'étude sur les Tice bienveillantes (Pasquier en 2016), Paris.

Annexe 1. Charte de la transdisciplinarité (1994)

Adoptée au premier congrès mondial de la transdisciplinarité, convento da Arrábida, Portugal, 2-6 novembre 1994[388]

Préambule

Considérant que la prolifération actuelle des disciplines académiques et non-académiques conduit à une croissance exponentielle du savoir ce qui rend impossible tout regard global de l'être humain,

Considérant que seule une intelligence qui rend compte de la dimension planétaire des conflits actuels pourra faire face à la complexité de notre monde et au défi contemporain d'autodestruction matérielle et spirituelle de notre espèce,

Considérant que la vie est lourdement menacée par une technoscience triomphante, n'obéissant qu'à la logique effrayante de l'efficacité pour l'efficacité,

Considérant que la rupture contemporaine entre un savoir de plus en plus accumulatif et un être intérieur de plus en plus appauvri mène à une montée d'un nouvel obscurantisme, dont les conséquences sur le plan individuel et social sont incalculables,

Considérant que la croissance des savoirs, sans précédent dans l'histoire, accroît l'inégalité entre ceux qui les possèdent et ceux qui en sont dépourvus, engendrant ainsi des inégalités croissantes au sein des peuples et entre les nations sur notre planète,

Considérant en même temps que tous les défis énoncés ont leur contrepartie d'espérance et que la croissance extraordinaire des savoirs peut conduire, à long terme, à une mutation comparable au passage des hominiens à l'espèce humaine,

Considérant ce qui précède, les participants au Premier Congrès Mondial de Transdisciplinarité (Convento da Arrábida, Portugal, 2-7 novembre 1994) adoptent la présente *Charte* comprise comme un ensemble de principes fondamentaux de la communauté des esprits

---

[388] La célébration des trente ans de la Charte a donné lieu à des dizaines de manifestations mondiales sous forme de visioconférences et de publications. Informations sur le site du Ciret (https://ciret.hypotheses.org).

transdisciplinaires, constituant un contrat moral que tout signataire de cette *Charte* fait avec soi-même, en dehors de toute contrainte juridique et institutionnelle.

Article 1

Toute tentative de réduire l'être humain à une définition et de le dissoudre dans des structures formelles, quelles qu'elles soient, est incompatible avec la vision transdisciplinaire.

Article 2

La reconnaissance de l'existence de différents niveaux de réalité, régis par des logiques différentes, est inhérente à l'attitude transdisciplinaire. Toute tentative de réduire la réalité à un seul niveau régi par une seule logique ne se situe pas dans le champ de la transdisciplinarité.

Article 3

La transdisciplinarité est complémentaire de l'approche disciplinaire ; elle fait émerger de la confrontation des disciplines de nouvelles données qui les articulent entre elles ; et elle nous offre une nouvelle vision de la nature et de la réalité. La transdisciplinarité ne recherche pas la maîtrise de plusieurs disciplines, mais l'ouverture de toutes les disciplines à ce qui les traverse et les dépasse.

Article 4

La clef de voûte de la transdisciplinarité réside dans l'unification sémantique et opérative des acceptions à *travers* et *au-delà* des disciplines. Elle présuppose une rationalité ouverte, par un nouveau regard sur la relativité des notions de "définition" et d'"objectivité". Le formalisme excessif, la rigidité des définitions et l'absolutisation de l'objectivité comportant l'exclusion du sujet conduisent à l'appauvrissement.

Article 5

La vision transdisciplinaire est résolument ouverte dans la mesure où elle dépasse le domaine des sciences exactes par leur dialogue et leur réconciliation non seulement avec les sciences humaines mais aussi avec l'art, la littérature, la poésie et l'expérience intérieure.

Article 6

Par rapport à l'interdisciplinarité et à la multidisciplinarité, la transdisciplinarité est multiréférentielle et multidimensionnelle. Tout en tenant compte des conceptions du temps et de l'histoire, la transdisciplinarité n'exclut pas l'existence d'un horizon transhistorique.

Article 7

La transdisciplinarité ne constitue ni une nouvelle religion, ni une nouvelle philosophie, ni une nouvelle métaphysique, ni une science des sciences.

Article 8

La dignité de l'être humain est aussi d'ordre cosmique et planétaire. L'apparition de l'être humain sur la Terre est une des étapes de l'histoire de l'Univers. La reconnaissance de la Terre comme patrie est un des impératifs de la transdisciplinarité. Tout être humain a droit à une nationalité, mais, au titre d'habitant de la Terre, il est en même temps un être transnational. La reconnaissance par le droit international de la double appartenance - à une nation et à la Terre - constitue un des buts de la recherche transdisciplinaire.

Article 9

La transdisciplinarité conduit à une attitude ouverte à l'égard des mythes et des religions et de ceux qui les respectent dans un esprit transdisciplinaire.

Article 10

Il n'y a pas un lieu culturel privilégié d'où l'on puisse juger les autres cultures. La démarche transdisciplinaire est elle-même transculturelle.

Article 11

Une éducation authentique ne peut privilégier l'abstraction dans la connaissance. Elle doit enseigner à contextualiser, concrétiser et globaliser. L'éducation transdisciplinaire réévalue le rôle de l'intuition, de l'imaginaire, de la sensibilité et du corps dans la transmission des connaissances.

Article 12

L'élaboration d'une économie transdisciplinaire est fondée sur le postulat que l'économie doit être au service de l'être humain et non l'inverse.

Article 13

L'éthique transdisciplinaire récuse toute attitude qui refuse le dialogue et la discussion, quelle que soit son origine - d'ordre idéologique, scientiste, religieux, économique, politique, philosophique. Le savoir partagé devrait mener à une compréhension partagée fondée sur le respect absolu des altérités unies par la vie commune sur une seule et même Terre.

Article 14, article final :
La présente *Charte de la Transdisciplinarité* est adoptée par les participants au Premier Congrès Mondial de Transdisciplinarité, ne se réclamant d'aucune autre autorité que celle de leur œuvre et de leur activité.

Selon les procédures qui seront définies en accord avec les esprits transdisciplinaires de tous les pays, la Charte est ouverte à la signature de tout être humain intéressé par les mesures progressives d'ordre national, international et transnational pour l'application de ses articles dans la vie.

Convento da Arrábida (Portugal),
le 6 novembre 1994

Comité de rédaction
Lima de Freitas, Edgar Morin et Basarab Nicolescu

Liste des signataires
Ubiratan d'Ambrosio (*Brésil*)
Yujiro Nakamura (*Japon*)
René Berger (*Suisse*)
Basarab Nicolescu (*France*)
Nicolò Dallaporta (*Italie*)
David Ottoson (*Suède*)
Jean Dausset (*France*), prix Nobel de physiologie et de médecine
Abdus Salam (*Pakistan*), prix Nobel de physique
Maitreyi Devi (*Inde*)
Rupert Sheldrake (*Royaume-Uni*)
Gilbert Durand (*France*)
Henry Stapp (*États-Unis d'Amérique*)
Santiago Genovés (*Mexique*)
David Suzuki (*Canada*)
Susantha Goonatilake (*Sri Lanka*)

Annexe 2. Programme du 27e congrès de l'Association française du transpersonnel (Pasquier en 2015), Paris

- 27ème Congrès de l'Association Française du Transpersonnel -

LA VOIE TRANSPERSONNELLE EN EDUCATION

" De l'enfant à l'adulte, de l'égo au Soi "

Dimanche 25 janvier 2015, 9h-17h

FIAP. 30 rue Cabanis, 75014 Paris (M° Glacière) salle Oslo

Dans nos sociétés actuellement en crise, l'éducation et l'enseignement sont d'importants leviers pour résoudre demain nos difficultés. Le Transpersonnel peut-il contribuer à un développement plus harmonieux de nos enfants et de nos citoyens, pour que les valeurs auxquelles nous sommes attachés soient réellement effectives et nous permettent de bien vivre ensemble ?

9h Accueil. Lucien **Alfillé** et Florent **Pasquier**. Message de Marc-Alain **Descamps** (lecture).

9h20 Philippe **Nicolas**, docteur, professeur des écoles : "*Nature sauvage et éducation*", par visio-conférence depuis une classe transplantée.

10h00 Apolline **Torregrosa**, docteur, enseignante, "*Les maîtres clandestins pour une formation de l'entièreté*".

10h40 Sabine **Dewulf**, enseignante, écrivain, thérapeute : "*De la littérature à la réalité : qu'en est-il de l'enfant transpersonnel ?*".

11h20 Cinzia et Alessandra **Brunelli**, formatrice : "*Pneuma System et éducation*". Atelier

--- 12h repas libre (self sur place) ---

13h30 Catherine **Balance**, auteur, coach, thérapeute : "*La voix de l'intuition*".

14h10 Alfredo **Veg**, artiste-peintre (certaines de ses œuvres seront exposées dans la salle), chercheur : "*Créativité-matérialité dans les arts visuels : un chemin vers le transpersonnel*".

14h50 Florent **Pasquier,** Maître de Conférences, Université Paris-Sorbonne : "*Le transpersonnel en éducation : de la 5ème colonne au 6ème sens*".

15h30 Prises de paroles d'adhérents et débat général.

16h45 Pause.

17h00-18h30. Assemblée générale de l'AFT.

Renseignements : 0610447139/0614561308 florent.pasquier@gmail.com www.europsy.org/aft

---

Bulletin d'inscription à retourner à A.F.T, 21 rue du Père Guérin, 75013 Paris.

NOM .... Prénom ....

Adresse ....

Code postal .... Ville ....

Tél .... e-mail ....

Inscription : 40 euros (20 euros membres de l'AFT - adhésion annuelle 30€-), chèque à l'ordre de AFT. (joindre une enveloppe timbrée à son adresse pour recevoir un reçu si souhaité). 15 euros tarif étudiant sur justificatif.

AFT Association Française du Transpersonnel

Date **Signature**

Annexe 3. Programme d'une Journée d'étude sur les Tice bienveillantes (Pasquier en 2016), Paris

LES T.I.C. AU SERVICE D'UNE EDUCATION BIENVEILLANTE

Journée d'étude organisée et animée par Florent Pasquier, Espé Paris-Sorbonne.
Graf - Groupe de Recherches sur l'Autoformation -, Axe "Éducation et Spiritualité", Cnam, Paris.
Ciret - Centre International de Recherches et Études Transdisciplinaires -, Paris.

Lundi 8 février 2016. Espé (salle B2), 10 rue Molitor, 75016 Paris.

Où en sont les réflexions et pratiques des TIC dans les enseignements inspirés de la pédagogie de Carl Rogers (1902-1987), basée sur la communication, l'apprentissage en liberté, la relation d'aide, la rencontre ou encore la centration sur le développement de la personne ?
Les intervenants exposeront recherches et expériences sur ces thématiques appliquées aux TICE, comme : travail collaboratif, apprentissage partagé, classe inversée, humanités numériques, gestion de projet, jeux non-violents… qui seront suivis d'échanges avec la salle.

9H00 Accueil et ouverture de la journée par Florent Pasquier et Laurent Petit, PU en SIC, chargé de mission numérique à l'Espé.

9H20 Georges-Louis Baron (PU sciences de l'éducation à Paris-Descartes)

9H45 Etienne-Armand Amato (MCF à UMLV, laboratoire DICEN-IDF)
"Analyse des pratiques numériques au profit du transfert éducatif de compétences cognitives"

10H10 Olivier GRUGIER (MCF ESPE. Equipe EDA - Université Paris Descartes)
"Le tableau interactif à l'école primaire, objet d'apprentissage ? Ce que comprennent des élèves sur son fonctionnement"

10H35 Pause

10H50 Michèle Drechsler (IEN Conseillère Tice 1er degré Acad. Orléans-Tours)
"Programmer, déboguer à l'école.Pour une éducation cognitive autour des erreurs"

11H15 Jerome Valluy (MCF-HDR Univ. Paris I équipe COSTECH) :
"Entre Charybde (MOOC) et Sylla (classe inversée) : penser l'éditorialisation numérique pour l'enseignement supérieur en fonction des usages et besoins estudiantins".

11H40-12H00 Table-ronde : du "cyborgolem" au "technoùmaniste" ?

13H30 Eric Bruillard (PU ENS Cachan – IFE)

14H10 Yann Leroux (psychanalyste & geek. Auteur de "Les jeux vidéo ça rend pas idiot")

14H40 Frédérique Longuet (Enseignante à l'ESPE. ANR TRanslit Paris 3)
"Du praticien réflexif au praticien designer"

15H05 Pause

15H20 Florent Pasquier (MCF ESPE Paris)
"Représentations et réalisations d'étudiants de Master MEEF sur les "Tice bienveillantes"

15H45 Milad Doueihi (Chaire d'humanisme numérique de Paris-Sorbonne et des Bernardins)
"Paidea et humanisme numérique"

16H15 Philippe Meirieu (PU émérite en sciences de l'éducation)
"Pour que le numérique fasse école, pas de bienveillance sans exigence"

17H00 Table ronde et conclusions : possibilités et rôles des Tic pour un futur toujours plus respectueux de la dimension humaine en éducation.

Postface

Que dire après ce beau livre de Florent Pasquier, qui de façon exhaustive et rigoureuse nous invite dans un langage scientifique et contemporain à découvrir ce qui est « entre, à travers et au-delà » toutes « personnes », « disciplines » et « technologies » que notre ami Basarab Nicolescu aime appeler le « tiers caché » ?

Cette approche confirme et renouvelle ce que les traditions appellent « la spiritualité ».

Le Réel est au-delà de la raison, il n'est pas « contre » (cf. Pascal parlant de Dieu), semblable au Silence ou à la Lumière incréée, invisible, partout et toujours présent, entre deux émotions, deux pensées, deux désirs, mais aussi entre l'homme et la femme, l'être humain et l'animal, les pissenlits et les plus lointaines étoiles…

Ce silence, cette lumière, ne cacheraient-ils pas encore un plus secret, un plus caché, l'Amour/*Agapè*, essence de notre essence, un plus grand Rien que le rien que nous sommes ?

Par quelle « trans technologie » pourrions-nous y avoir accès, si ce n'est celle que nous inspire la grâce, cette gratuité ou liberté innommable qui donne à tous les possibles, d'être ?

La *technontologie* que nous laisse pressentir Florent Pasquier ne nous conduit pas seulement à une transcendance et à un transhumanisme à l'horizontal, où il s'agirait de prolonger, d'améliorer, d'augmenter, dans un « progrès » sans fin, vers « notre être pour la mort ».

Il nous faut réorienter la flèche du temps à la verticale ; tous les mouvements « trans » ici étudiés ne conduisent pas à un « au-delà temporel du temps », à un progrès enfermé dans un seul niveau de réalité.

La finalité de la chenille ce n'est pas une plus grosse, plus longue chenille, mais un papillon dont les ailes peuvent s'ouvrir à l'infini de l'espace.

Le trans religieux, ici évoqué, est une spiritualité que nul ne saurait saisir ou s'approprier. L'Amour reste bien le seul Dieu dont on ne peut pas faire une idole ; on ne le trouve qu'en le donnant, comme la vraie vie ne se découvre qu'en la perdant.

Tant de paradoxes à endurer pour devenir un être humain, « entier » ; c'est le sens même du mot *shalom*, la paix, qui veut dire « être entier ».

Tant que nous ne serons pas entièrement là, entièrement donné, tant qu'il restera un quelque chose de non donné, de non transfiguré, métamorphosé par l'Amour/*Agapè*, il n'y aura pas de paix : il n'y a que Rien qui ne souffre pas de tout…

En attendant, sur ce chemin si peu fréquenté et pourtant ouvert à tous, il est bon d'avoir des compagnons de route comme Basarab Nicolescu, Pierre Weil, Marc-Alain Descamps… qui aspirent tous à cette union au Réel, « sans confusion, sans séparation ».

Le livre de Florent Pasquier est ainsi un livre d'amitiés partagées. Si le Réel est interrelation de tout ce qui est, comment ne serait-il pas la page toujours blanche où s'écrivent nos plus belles rencontres ?

Jean-Yves Leloup

Écrivain, théologien et prêtre orthodoxe, philosophe.
Fondateur de l'Institut pour la rencontre et l'étude des civilisations
et du Collège international des thérapeutes.

Lemniscate cosmique (2025)

Œuvre numérique
imaginée par l'auteur à partir
d'un logo de l'Atelier Pasquier
créé pour la Société Générale.
www.pasquier.pro

Remerciements pour
la réalisation et la finalisation à
Claude Dauguet et Anne Cariou.

Entretien avec Basarab Nicolescu : un échange sur la transdisciplinarité

Transcription[389] réalisée à partir d'un enregistrement vidéo[390] réalisé le 16 novembre 2021, à Paris[391].

(...)

Basarab Nicolescu (B. N.) : Au fond, si on tente de réfléchir au long des années, il y a une histoire de la transdisciplinarité. Ce qui marque vraiment cette histoire, c'est cette capacité d'incarner (…) les différentes sortes de réalités. C'est-à-dire différentes structures, qu'elles soient religieuses, spirituelles ou mentales, qui en elles-mêmes ne sont pas nécessairement compatibles mais qui ne laissent pas la possibilité de dévier. Dévier vers quoi ? Dévier tout simplement vers la confusion. Parce que le grand danger c'est la confusion. Les mots sont porteurs de confusion.

Anne Nicolescu (A. N.) : Ou l'omnipuissance ! C'est-à-dire, à un moment donné, dire : « *C'est ça la vérité* ».

B. N. : Oui, l'omnipuissance. Et il faut voir que personne n'a le droit d'imposer la vérité. Si on veut garder l'esprit scientifique, il faut rester dans le calme de la rigueur scientifique et mener des débats scientifiques avec les méthodes qui se sont développées depuis des siècles et qui peuvent être appliquées dans notre cas : des méthodes de débats, réellement d'argumentation, et je crois que cela nous l'avons réussi. Et que ça n'est pas une perte. Et ce ne sera jamais une perte. Voilà ! C'est dans ce sens-là que je trouve que ma contribution essentielle a été non pas d'être garde-fou contre tous, parce que cela on ne le peut pas, mais on peut donner des indications, des « non-confusions ».

---

[389] Remerciements à Gabriela Vieru pour cette transcription.

[390] Disponible sur une chaîne vidéo dédiée au Ciret et à la TD : https://www.youtube.com/watch?v=cdo5pq8LZKs&list=PLJHh44G921x04XPgkG53ZtIC5kzsHKDqb&index=19

[391] Texte initialement paru dans Simona Modreanu et Florent Pasquier (coords.). *Basarab Nicolescu. L'Homme cosmoderne. The Cosmodern Human. Omul cosmodern.* 687 p. Iasi (Roumanie) : Éditions Junimea. (2022).

Et les gens qui sont passionnés par l'inter et la multidisciplinarité peuvent voir toutes les potentialités qui sont dans ces débats. Et c'est pour cela que je dis : « J'accueille les idées nouvelles, je les salue ». Je considère que c'est une très bonne chose, il y a beaucoup d'idées nouvelles que j'ai vues depuis la présidence de Florent Pasquier et c'est une excellente chose parce que la transdisciplinarité sans débats, c'est comme une lettre morte, c'est une énorme source de confusion. Donc le fait qu'on ait pu faire ça, je trouve que c'est un grand acquis et qu'il faut le garder dans l'avenir pour les équipes qui…

Florent Pasquier (F. P.) : … qui suivront dans l'intergénérationnel ?

A. N. : Oui, tout à fait, les petits, les enfants, les grands… [elle rit].

F. P. : … les pères fondateurs, les semeurs, les moissonneurs, les re-semeurs, les re-moissonneurs…

A. N. : Absolument, le transgénérationnel… super !

F. P. : Exactement !

B. N. : Ce qu'il faut voir, c'est que ces structures, Anne l'a très bien dit, ce sont aussi des structures de pouvoir.

F. P. : Hé oui, c'est ça le risque.

B. N. : En termes théologiques, c'est le risque de tomber dans la ruse du diable. Et la ruse du diable c'est de donner l'impression au mental des hommes qu'ils peuvent faire mieux que Celui qui a créé le monde. Je dis quelque part dans *Théorèmes poétiques* qu'un physicien qui n'est pas unifié ne peut pas comprendre la théorie unifiée.

F. P. : Ah, oui !

B. N. : Et c'est là la base de mon affirmation. Parce que l'unification intérieure doit précéder, doit être simultanée, doit être en même temps que l'unification dans l'ordre du monde naturel ou scientifique. Au fond, quelles sont les structures auxquelles nous avons à faire ? Les constructions mentales, nous ne faisons que cela, nous, les intellectuels. Donc nous savons très bien, et les pièges, et les capacités de ces constructions. Il y a aussi les constructions de structures qui sont liées à la psychologie. Là, c'est beaucoup plus compliqué. Par exemple, je disais, il y a quelque chose de tragique dans ce qui m'arrive personnellement... et je dois dire qu'en même temps c'est une chance unique parce que c'est une initiation, littéralement une initiation à la modestie.

Moi, j'ai été initié à la modestie par cette maladie atroce qui est venue d'une manière inattendue. Peut-être que j'aurais pu la prévoir mais bon… Et il y a aussi l'ordre spirituel qui n'est ni religieux, ni scientifique : c'est autre chose. Donc il faut jouer dans ces différents registres. Comment peut-on jouer sur ces différents registres ? On a un instrument fabuleux qui s'appelle *les niveaux de réalité*. Ces niveaux de réalité nous permettent de faire cela. Avec l'apogée de ces niveaux qui est… le *tiers ca-ché*. Le tiers caché est ce qui permet aux différents ordres de s'harmoniser parce que moi j'appelle « l'extraordinaire capacité du féminin », parce que c'est à partir du féminin qu'il s'agit de concilier les différents ordres. Et ça on le voit très bien, c'est dans l'histoire des idées, dans l'histoire de la philosophie, c'est le grand enseignement de l'histoire de la philosophie…

F. P. : Merci de ce retour à Isis, ce grand féminin, une figure féminine par excellence. Isis dévoilée… Elle nous rapproche toujours plus du tiers caché pour la compréhension de l'ensemble des phénomènes.

B. N. : C'est… le tiers caché. On le retrouve en germe dans beaucoup de traditions. On le retrouve sans qu'il soit formulé vraiment, pleinement. Et c'est une intuition, une grande intuition de beaucoup de penseurs, mais il n'a pas été, si j'ose dire, matérialisé avant moi. Moi j'ai réussi à lui donner une formulation. Pourquoi ? Parce que je me suis fondé sur la connaissance que j'avais sur la technologie, sur la science, sur la physique quantique, etc. Et je les ai mises ensemble.

F. P. : Une capacité de synthèse et de mise en perspective, disons, par rapport aux autres.

B.N. : Donc c'est très important le tiers caché, qui ne peut être ni minimisé, ni négligé. Si on le néglige, on détruit toute la potentialité de la transdisciplinarité. Parce que toute la potentialité de la transdisciplinarité c'est dans le tiers caché.

A. N. : Donc ça veut dire dans un grand mystère.

B. N. : Et ça veut dire dans un mystère qui assume son rôle de mystère.

A. N. : D'accord.

B. N. : Et qui reconnaît son rôle de mystère. Par exemple, j'ai mis du temps à me rendre compte que le mystère n'est pas quelque chose qu'on place comme ça pour jouer. Mais le mystère, c'est quelque chose dans le tissu de la réalité, parce que sans le mystère, le vrai mystère n'est pas résolu par des jeux d'ordre mental. Ces mystères incarnés sont à la base de la création.

A. N. : Mais oui !

B. N. : C'est notre créativité extraordinaire. Je l'ai éprouvée dans les années de grande créativité en physique et en transdisciplinarité… et qui est notre capacité à reconnaître, à ne pas se laisser prendre par le doute parce que le doute a un rôle terrible : tout détruire. Mais le doute est extrêmement précieux parce que c'est par le doute que nous pouvons mettre en question… toutes nos, prétendues, vérités.

F. P. : Et donc progresser.

B. N. : Donc, progresser. C'est très important de voir cette imbrication parce que ce n'est pas quelque chose qu'on parachute et qui nous donne la lumière de la vérité. Mais en même temps on ne peut pas éliminer ce mystère, qui est vraiment constitutif, et qui est la pulsion qui donne aux chercheurs le désir de chercher, de trouver, l'envie d'avancer…

F. P. : Le réel est voilé mais il est possible de le dévoiler toujours un peu plus.

B. N. : Oui.

[**F. P.** rit]

B. N. : Le *Réel voilé* est une formulation que je distingue dans mes travaux, sérieusement, du tiers caché.

F. P. : C'est pour cela que j'ai repris ta formule.

B. N. : Oui. C'est-à-dire que Bernard d'Espagnat est loin, à vrai dire, de ce tiers caché. Très loin. Parce qu'il n'avait pas l'information, je dirai, théologique, qui lui aurait permis de trouver toute la finesse de ces angles d'approche. Ce n'est pas un reproche. Nous sommes tous des chercheurs. On devrait apprendre et, en faisant, nous apprenons.

Index des figures, tableaux et moments de vie

Figures

TABLEAUX

MOMENTS DE VIE

Références bibliographiques

Accoto, Cosimo, *Il mondo dato: cinque brevi lezioni di filosofia digitale* (Egea, 2017)

Aguirre, Alonso, and Bruce A. Wilcox, 'EcoHealth: Envisioning and Creating a Truly Global Transdiscipline', *EcoHealth*, 5.3 (2008), pp. 238–39, doi:10.1007/s10393-008-0197-6

Alexandre, Laurent et Jean-Michel Besnier, *Les robots font-ils l'amour ? Le transhumanisme en 12 questions* (Dunod, 2016)

Almeida, Maria Da Conceição de, 'Ecologia Da Ciência, Ética Da Diversidade e Educação Transdisciplinar', *Desenvolvimento e Meio Ambiente*, 18 (2008), doi:10.5380/dma.v18i0.13429

Alvarenga, Augusta Thereza de, Américo Sommerman, and Aparecida Magali de Souza Alvarez, 'Congressos Internacionais Sobre Transdisciplinaridade: Reflexões Sobre Emergências e Convergências de Idéias e Ideais Na Direção de Uma Nova Ciência Moderna', *Saúde e Sociedade*, 14.3 (2005), pp. 9–29, doi:10.1590/S0104-12902005000300003

Ançari, Kejttep, *Psychologie spirituelle ou L'alchimie intérieure* (Ed. de la Lumière, 1996)

Anquetil, Sophie, Carine Duteil-Mougel et Vivien Lloveria, *Le sens des données : le statut du corpus et herméneutique à l'aune des humanités numériques*, 2019

Apgar, J. Marina, Alejandro Argumedo, and Will Allen, 'Building Transdisciplinarity for Managing Complexity: Lessons from Indigenous Practice', *The International Journal of Interdisciplinary Social Sciences: Annual Review*, 4.5 (2009), pp. 255–70, doi:10.18848/1833-1882/CGP/v04i05/52925

Arnaud, Thierry, 'Dans quelle mesure l'ontologie est-elle fondamentale dans la métaphysique allemande de Wolff ?', *Revue philosophique de la France et de l'étranger*, 128.3 (2003), p. 323, doi:10.3917/rphi.033.0323

Assagioli, Roberto, *Le développement transpersonnel* (Paris : Desclée de Brouwer, 1994)

———, *Psychosynthèse : principes et techniques* (Paris : Desclée de Brouwer, 1965)

Astorg, Bertrand d', *Le Personnalisme d'Emmanuel Mounier, Hier et Demain. Pour Un Cinquantenaire.* (Paris : Seuil, 1985)

Audétat, Marc, *Sciences et Technologies Émergentes : Pourquoi Tant de Promesses ?* (paris : Hermann, 2015)

Aumage, Monique, 'De Bion à Desoille ? La figurabilité', *Imaginaire & Inconscient*, 31.1 (2013), doi:10.3917/imin.031.0067

Bally, Jean-Marc et Xavier Desmaison, *Junk tech: comment la Silicon Valley a gagné la guerre du marketing*, Antidoxa (Hermann, 2020)

Barbier, René, 'Le Formateur d'adultes Comme Homme à Venir', *Édition Du Rocher*, Mémoires du XXIe siècle : l'homme à venir, 2000 <http://www.arianesud.com/bibliotheque/formation_apprentissage_tutorat/barbier_le_formateur_d_adultes_comme_homme_a_venir>

———, 'L'éducateur Comme Passeur de Sens.', *Rencontres Transdisciplinaires*, 12, 1998 <http://ciret-transdisciplinarity.org/bulletin/b12.php>

Barbier-Bouvet, Jean-François, *Les Nouveaux Aventuriers de La Spiritualité : Enquête Sur Une Soif d'aujourd'hui* (Médiaspaul, 2015)

Bardiot, Clarisse, *Arts de la scène et humanités numériques : des traces aux données*, Série Traces, 5 (ISTE, 2021)

Beaulieu, Marie-Claire et Valérie Toillon, eds., *Greek and Roman Painting and the Digital Humanities* (Routledge, 2022)

Benardou, Agiatis, Erik Champion, Costis Dallas, and Lorna M. Hughes, *Cultural Heritage Infrastructures in Digital Humanities* (Routledge, Taylor & Francis Group, 2018)

Bentolila, Alain, *L'école Contre La Barbarie* (First éditions, 2017)

Bergeron, Christian et Marie-Anne Risdon, *Le service d'animation spirituelle et d'engagement communautaire un service éducatif complémentaire-- essentiel à la réussite, pour approfondir sa vie intérieure et changer le monde: guide d'animation* (Ministère de l'éducation, du loisir et du sport, 2008), http://collections.banq.qc.ca/ark:/52327/1567813

Bergeron, Richard, *Renaître à la spiritualité* (Fides, 2002)

Bernanos, Georges, *La France contre les robots. Suivi de Textes inédits* (LGF, 1999)

Bertalanffy, Ludwig von et Jean-Benoist Chabrol, *Théorie générale des systèmes : physique, biologie, psychologie, sociologie, philosophie* (Dunod, 2012)

Bitbol, Michel, 'En Quoi Consiste La 'Révolution Quantique' ?', *Revue Internationale de Systémique*, 11, 1997, pp. 215–39

———, *La Conscience A-t-Elle Une Origine ? Des Neurosciences à La Pleine Conscience : Une Nouvelle Approche de l'esprit*, Bibliothèque Des Savoirs (Flammarion, 2014)

Blin, Bernadette et Brigitte Chavas, *Manuel de psychothérapie transpersonnelle* (InterEditions, 2011)

Bobin, Christian, *Le plâtrier siffleur* (Paris : Poesis Éditions, 2018)

Bockwinkel, Peggy, Beatrice Nickel, Gabriel Viehhauser-Mery, and Universität Stuttgart, *Digital humanities: Perspektiven der Praxis*, Digitalisierung und Globalisierung der Wissenschaften, Digitization and globalisation of sciences, Band 1 = (Frank & Timme, Verlag für wissenschaftliche Literatur, 2018)

Boelen, Virginie, 'Une Conception Laïque de La Spiritualité Pour l'École Publique : Éducation à La Responsabilité, Aux Valeurs et Vulnérabilité Du Sujet. La Prise En Compte Du Cheminement Spirituel Du Jeune Selon Une Perspective d'éducation Relative à l'environnement : La Problématique Québécoise', *Éducation(s) et Spiritualité(s)*, Éducation et socialisation, 56, 2020, pp. 333–71

Bohm, David, F. David Peat et Corine Derblum, *La conscience et l'univers* (Éd. du Rocher, 1990)

Borderon, Marion, Arnaud Buchs, Vincent Leblan et Elisa Vecchione, 'Réflexivité et Registres d'interdisciplinarité. Une Boussole Pour La Recherche Entre Natures et Sociétés', *Natures Sciences Sociétés*, 23.4 (2015), pp. 399–407, doi:10.1051/nss/2015060

Boucaud, David, *Psychologie Spiritualiste* (Éditions universitaires europeennes, 2018) <https://www.morebooks.de/store/gb/book/psychologie-spiritualiste/isbn/978-613-8-39932-2>

Bourgatte, Michaël, Mikaël Ferloni et Laurent Tessier, *Quelles Humanités Numériques Pour l'éducation ?*, Les Essais Numériques (Paris : MKF éditions, 2016)

Brisson, Laurent, Martine Collard et Nicolas Pasquier, 'Ontologie et base de connaissances pour le pré-traitement et post-traitement en fouille de données', in *Atelier Fouille de Données Complexe de la conférence EGC'2006 sur l'Extraction et la Gestion des Connaissances* (2006), pp. 13–26 <https://hal.archives-ouvertes.fr/hal-00362768>

Broch, Henri, *Le Paranormal ses documents, ses hommes, ses méthodes* (Paris : Éd. du Seuil, 2001)

Campbell, Joseph et Henri Crès, *Le héros aux mille et un visages* (Paris : J'ai lu, 2013)

Carré, Philippe et Fabien Fenouillet, *Traité de Psychologie de La Motivation* (Paris : Dunod, 2016)

Chamak, Brigitte, 'Dossier : Le Groupe Des Dix, Des Précurseurs de l'interdisciplinarité – Science et Politique : Initiatives et Influence Du Groupe Des Dix', *Natures Sciences Sociétés*, 27.2 (2019), pp. 137–46, doi:10.1051/nss/2019030

Champagne, Cyrille, Muriel Rojas et Johann Henry, *Psychologie transpersonnelle et états modifiés : histoire, recherches, applications thérapeutiques* (Enrick B. éditions, 2021)

Cherblanc, Jacques et Marie-Anne Risdon, 'Définir La Vie Spirituelle Des Élèves Hors Des Institutions Religieuses : Un Enjeu Du Service d'animation Spirituelle et d'engagement Communautaire (Québec)', *Éducation(s) et Spiritualité(s).*, Éducation et socialisation, 56, 2020, pp. 262–300

Clavert, Frédéric, Étienne Cavalié, Olivier Legendre et Dana Martin, *Expérimenter les humanités numériques : des outils individuels aux projets collectifs*, ed. by Bibliothèque numérique canadienne (Firme), Les Presses de l'Université de Montréal, 2018, http://www.deslibris.ca/ID/479645

Collado Ruano, Javier, 'Big History in the Ecuadorian Educational System: Theory, Practice, and Public Policies of Environmental Education', *Journal of Big History*, 3.2 (2019), pp. 49–66, doi:10.22339/jbh.v3i2.3250

Collado-Ruano, Javier, Mario Madroñero Morillo, and Freddy Javier Álvarez González, 'Education and Good-Living: Transdisciplinary Skills for Teachers´ Training', *Athenea Digital. Revista de Pensamiento e Investigación Social*, 19.3 (2019), doi:10.5565/rev/athenea.2216

Comte-Sponville, André, *L'esprit de l'athéisme : introduction à une spiritualité sans Dieu* (Paris : Albin Michel, 2006)

Couvert, Etienne, *De la gnose à l'œcuménisme* (Chiré en Montreuil : Éd. de Chiré, 1993)

Csíkszentmihályi, Mihály, Léandre Bouffard et David Servan-Schreiber, *Vivre : la psychologie du bonheur* (Paris : Pocket, 2005)

Cyrulnik, Boris, *Psychothérapie de Dieu* (Paris : Odile Jacob, 2017)

Damasio, Antonio et Marcel Blanc, *L'erreur de Descartes: la raison des émotions* (Paris : Odile Jacob., 2010)

Daumet, Yoan, 'Contribution de La Philosophie de Nicolas Grimaldi à La Réflexion Éducative', *Éducation(s) et Spiritualité(s).*, Éducation et socialisation, 56, 2020, pp. 166–98

Davis, Erik, *TechGnosis: Myth, Magic, & Mysticism in the Age of Information* (Berkeley, California : North Atlantic Books, 2015)

Delchambre, Nadine, *Guide d'observation des 14 besoins de l'être humain* (Louvain-la-Neuve : De Boeck, 2015)

Derry, Sharon J, 'Transdisciplinary Graduate Education', in *Symposium Socio-Technical Design for Lifelong Learning: A Crucial Role for Graduate Education* (presented at the Symposium Socio-technical Design for Lifelong Learning: A Crucial Role for Graduate Education, Symposium Socio-technical Design for Lifelong Learning: A Crucial Role for Graduate Education, 2006), p. 29

Descamps, Marc-Alain, *La psychanalyse spiritualiste* (Paris : Desclée de Brouwer, 2004)

———, *Pèlerin de l'absolu* (Éd. Trismégiste, 2007)

Descamps, Marc-Alain, Lucien Alfillé et Basarab Nicolescu, *Qu'est-ce-que le transpersonnel ?* (Éd. Trismégiste, 1987)

Deussen, Paul, *The Philosophy of the Upanishads*, (New York: Dover Publications, 1966)

Dewulf, Sabine, 'La Psychanalyse Spiritualiste Selon Marc-Alain Descamps.', in *CFPT*, 2018, pp. 65–73

Dewulf, Sabine, Stéphanie Delcourt et Éric Dewulf, *Les trois cheveux d'or : parcours de guérison avec les frères Grimm et Pierre Dhainaut* (Gap : le Souffle d'or, 2016)

Diel, Paul, *Psychologie de la motivation* (Paris : Éd. Payot & Rivages, 2002)

Diemer, Arnaud et Christel Marquat, *Éducation au développement durable : enjeux et controverses*, Pédagogies en développement, 1re édition (Louvain-la-Neuve : De Boeck, 2014)

Dietzfelbinger, Konrad, *Les Écoles Des Mystères : De l'Ancienne Égypte Au Christianisme de l'origine, Jusqu'à La Rose-Croix Actuelle*, (Mondement-Montgivroux : Septénaire, 2007)

Doat, David, 'Handicap, compassion et soin : les sources préhistoriques et polémiques d'une question toujours actuelle', *Alter*, 10.1 (2016), pp. 10–23, doi:10.1016/j.alter.2015.01.001

Dobrzynski, Anne-Claire et Albert Ciccone, 'Maillage transdisciplinaire et fonction contenante : clinique de la violence à l'adolescence', *Dialogue*, n° 218.4 (2017), pp. 125–40 <https://www.cairn.info/revue-dialogue-2017-4-page-125.htm>

Doueihi, Milad, *Pour Un Humanisme Numérique*, La Librairie Du XXIe Siècle (Editions du Seuil, 2011)

Duclos, Vincent, 'Anthropotechniques : sur la relation entre technologie et humanité chez Peter Sloterdijk', *Sociétés*, 131.1 (2016), pp. 41–49, doi:10.3917/soc.131.0041

Durand, Daniel, *La systémique*, 13e édition (Paris : Presses universitaires De France, 2017)

Durand, Gilbert, 'L'imaginaire Lieux de "l'entre-Savoirs"', in *Champs de l'imaginaire*, Ateliers de l'imaginaire (Grenoble : Ellug, 1996), pp. 215–27

Durastante, Richard, 'Les synchronicités : comment C.G. Jung a influencé la thérapie familiale psychanalytique', *Psychothérapies*, 38.3 (2018), pp. 189–98, doi:10.3917/psys.183.0189

Egloff, Pierre, *L'homme augmenté, l'homme diminué : le grand retour* (Paris : L'Harmattan, 2019)

Eliade, Mircea, *Le chamanisme et les techniques archaïques de l'extase* (Lausanne : Payot, 2015)

Ellul, Jacques, *Le Bluff technologique* (Paris : Pluriel, 2014)

Ertas, A., M. M. Tanik, and T. T. Maxwell, 'Transdisciplinary Engineering Education And Research Model', *Journal of Integrated Design & Process Science*, 4.4 (2000), pp. 1–11 <http://dl.acm.org/citation.cfm?id=1241699.1241700>

Ertas, Atila, 'The Academy Of Transdisciplinary Education And Research (ACTER)', *Journal of Integrated Design & Process Science*, 4.4 (2000), pp. 13–19 <http://dl.acm.org/citation.cfm?id=1241699.1241701>

Fadiman, James, *The Psychedelic Explorer's Guide: Safe, Therapeutic, and Sacred Journeys* (Park Street Press, 2011)

Ferrer, Jorge N, *Participation and the Mystery: Transpersonal Essays in Psychology, Education, and Religion*, 2018

Fétro, Sophie et Anne Ritz-Guilbert, *Collecta : des pratiques antiquaires aux humanités numériques : actes du colloque COMUE HÉSAM, université Paris I - Panthéon-Sorbonne, École du Louvre* (Université Panthéon-Sorbonne (Paris). Ecole du Louvre (Paris)., 2016)

Filho, Gentil, Rodrigo Campos, Sheila da Costa de Oliveira, and Margarita Morales, 'A Technontological Framework to Conversation or KM: Conception and Potential Applications', in *Proceedings of the 9th International Conference on Intellectual Capital, Knowledge Management & Organisational Learning the Universidad Del Rosario and the Universidad Jorge Tadeo Lozano, Bogotá, Colombia, 18-19 October 2012*, 2012, pp. 153–62 <https://books.google.fr/books?id=aUsJBAAAQBAJ&printsec=frontcover&hl=fr&source=gbs_ge_summary_r&cad=0#v=onepage&q=technontolog&f=false>

Foucault, Michel, François Ewald, Alessandro Fontana et Frédéric Gros, *L'herméneutique Du Sujet: Cours Au Collège de France, 1981-1982*, Hautes Études (Gallimard, Seuil, 2001)

Fourmentraux, Jean-Paul, *L'ère Post-Média : Humanités Digitales et Cultures Numériques*, Collection 'Cultures Numériques' (Hermann, 2012)

Frayssinhes, Jean, 'La Mathétique : Concept Transdisciplinaire de l'apprentissage Sur Les Réseaux Numériques.', *Présences, Revue Transdisciplinaire d'étude Des Pratiques Psychosociales*, 8 (2016), pp. 01–33 <http://www.uqar.ca/uqar/universite/a-propos-de-luqar/departements/psychosociologie_et_travail_social/presences_vol8_frayssinhes_theorisation_de_la_mathetique.pdf>

Freud, Sigmund, René Lainé, Johanna Stute-Cadiot, and Alain Rauzy, *De la psychanalyse* (Paris : Presses universitaires de France, 1920)

Galati, Elvio, 'Compréhension Transdisciplinaire et Trialiste Des Comités d'éthique Cliniques', *Pratique de La Transdisciplinarité*,

Ciret, 2011, pp. 1–8 <http://ciret-transdisciplinarity.org/ARTICLES/Galati.pdf>

———, *Los comités hospitalarios de bioética: una comprensión trialista y transdisciplinaria desde el derecho de la salud*, Colección UAI Investigación, 1a ed (UAI Editorial, 2015)

Galvani, Pascal, 'Quelle Formation Pour Les Formateurs Transdisciplinaires ? Éléments Pour Une Méthodologie Réflexive et Dialogique.', *Présences, Revue Transdisciplinaire d'étude Des Pratiques Psychosociales*, 9, 2016, pp. 01–25 <https://www.uqar.ca/uqar/universite/a-propos-de-luqar/departements/psychosociologie_et_travail_social/presences-vol9-3-galvani-quelle-formation-pour-les-formateurs-transdisciplinaire.pdf>

Gefen, Alexandre, *Des chiffres et des lettres : les humanités numériques*, Critique, 71.2015 = Nr. 819/820 (Éd. de Minuit, 2015)

Gerbaulet, Jean Pierre, and Marc Henry, 'The "Consciousness-Brain" Relationship', *Substantia*, 2019, pp. 113-18, https://doi.org/10.13128/Substantia-161

Gibbons, Paul, 'Spirituality at Work: Definitions, Measures, Assumptions, and Validity Claims.', in *Proceedings of the Academy of Management, USA.*, 2011

Gibbs, Paul, *Transdisciplinary Higher Education: A Theoretical Basis Revealed in Practice* (Springer Berlin Heidelberg, 2017)

Gigand, Gérard, *Ingénierie du regard transdisciplinaire - L'événement entre incomplétude, autoréférence et indétermination* (Paris : L'Harmattan, 2007)

———, *Se Cultiver En Complexité : La Trialectique, Un Outil Transdisciplinaire*, Savoir Communiquer. Synthèse (Chronique sociale, 2010)

Girard, Olivier, *Isaac Asimov de Trantor au cycle des robots.* (Ed. du Bélial, 2012)

Gmür, Felix, *Lettre encyclique Laudato Si du Saint-Père François sur la sauvegarde de la maison commune* (Éditions Saint-Augustin, 2015)

Gold, Matthew K., *Debates in the Digital Humanities* (Univ Of Minnesota Press, 2012)

Gött, Edel, *Now or Never - L'urgence d'agir* (Courteau Louise, 2009)

Grof, Stanislav et Hal Zina Bennett, *L'esprit holotropique. Les trois niveaux de la conscience humaine : comment ils modèlent notre vie* (Éditions du Rocher, 1996)

Grof, Stanislav, Christina Grof, Patrick Baudin et Laura Baudin, *Théorie et pratique de la respiration holotropique une nouvelle approche de l'exploration de soi et de la thérapie* (Dervy, 2014)

Guchet, Xavier, *Philosophie des nanotechnologies*, Collection 'L'évolution des machines' (Paris : Hermann, 2014)

Guillemant, Philippe, and Jocelin Morisson, *La physique de la conscience*, Tredaniel La Maisnie (2015)

Guyonnaud, Jean-Paul, Richard Meyer et Marc-Alain Descamps, *La Dimension spirituelle en psychothérapie : corps et transpersonnel* (Strasbourg : Somathothérapies, 1997)

Hadot, Pierre, *Exercices spirituels et philosophie antique* (Paris : Albin Michel, 2008)

Hagège, Hélène, 'Des compétences spirituelles au cœur de l'éducation à la responsabilité' (HDR, Montpellier III, 2015) <https://hal.archives-ouvertes.fr/tel-01391921>

———, 'Une Conception Laïque de La Spiritualité Pour l'École Publique : Éducation à La Responsabilité, Aux Valeurs et Vulnérabilité Du Sujet.', *Éducation(s) et Spiritualité(s).*, Éducation et socialisation, 56, 2020

Hagège, Hélène, Michel Fabre et Rébecca Shankland, *Pour une éducation à la responsabilité*, Iste editions, 2018

Hagège, Hélène, Renaud Hétier, Florent Pasquier et Jean Vannereau. (coords.) (2025). *Instituer une éducation laïque à la spiritualité ? Des conditions aux modalités.* Paris : Éditions De Bonne Heure

Haidar, Julieta, and Graciela Sánchez Guevara, *La producción y reproducción en las prácticas semiótico-discursivas*, La arquitectura del sentido / Julieta Haidar, Graciela Sánchez Guevara, editoras, 2 (Escuela Nacional de Antropología e Historia, Instituto Nacional de Antropología e Historia, 2011)

Harari, Yuval N, and Pierre-Emmanuel Dauzat, *Homo Deus : une brève histoire du futur* (Paris : Albin Michel, 2017)

Harner, Michael, and Zéno Bianu, *La voie spirituelle du chamane : le secret d'un sorcier indien d'Amérique du Nord* (Pocket, 1999)

Hay, David, and Rebecca Nye, *The Spirit of the Child*, Rev. ed (Kingsley, 2006)

Heidegger, Martin, François Vezin, Rudolf Boehm, Martin Heidegger, et Martin Heidegger, *Être et Temps*, Oeuvres de Martin Heidegger Sect. 1, Écrits Publiés de 1914 à 1970 (Gallimard, 1995)

Heidenborg, Ingrid E., *How the Basic Human Needs of Patients Are Met: Analysis, Testing and Application of Maslow's Motivation Theory for Patient Care*, Acta Universitatis Upsaliensis. Studia Psychologica Upsaliensia, 7 (1981)

Heisenberg, Werner et Catherine Chevalley, *Le manuscrit de 1942* (Paris : Éditions Allia, 2018)

Hillman, James, *Loose Ends: Primary Papers in Archetypal Psychology* (Spring Publications, 1975)

Hooland, Seth van, Florence Gillet-Goinard, Simon Hengchen, Max De Wilde et Michael Eberle-Sinatra, *Introduction aux humanités numériques : méthodes et pratiques - Sciences humaines et sociales*, Méthodes en sciences humaines (De Boeck supérieur, 2016)

Husserl, Edmund, and Eugen Fink, *Die Phänomenologische Philosophie Edmund Husserls in Der Gegenwärtigen Kritik* (Berlin : Pan-Verlagsgesellschaft, 1934)

Huxley, Aldous, *Le meilleur des mondes et autres chefs-d'oeuvre* (Paris : Omnibus, 2013)

Huxley, Aldous et Jules Castier, *Les portes de la perception* (Ed. du Rocher, 1954)

Huxley, Aldous, Dominique Dussaussoy et Huston Smith, *Dieu et moi. Essais sur la mystique, la religion et la spiritualité* (Éd. du Seuil, 2001)

James, Marie-France, and Émile Poulat, *Ésotérisme, occultisme, franc-maconnerie et christianisme aux XIXe et XXe siècles : explorations bio-bibliographiques* (Éditions Lanore, 2008)

Jobin, Guy, *Des religions à la spiritualité: une appropriation biomédicale du religieux dans l'hôpital*, Soins & spiritualités, n° 3 (Lumen vitae, 2012)

Kashtan, Brigitte, *Psychothérapie et réalisation spirituelle : l'ego, la souffrance, la fin de la souffrance.* (Editions Diamantel, 1999)

Kembellec, Gérald et Évelyne Broudoux, *Ecrilecture augmentée dans les communautés scientifiques : humanités numériques et construction des savoirs* (Lyon : Decitre, 2017)

Kishinec, Vladimir, 'Nano Sapiens', 2006 <http://samlib.ru/k/kishinec_w_m/nanosapiens.shtml>

Kolesnikova, Irina, 'Stratégie Transdisciplinaire de La Recherche Sur l'éducation Permanente' (Ciret, 2018) <http://ciret-transdisciplinarity.org/ARTICLES/KOLESNIKOVA.pdf>

Kurzweil, Ray et Terry Grossman, *Serons-nous immortels ? Oméga 3, nanotechnologies, clonage...* (Dunod, 2006)

Lamarre, Jean-Marc, 'La Spiritualité à l'école Laïque : Donner Forme Au Sentiment de l'infini', *Éducation et Socialisation*, 56, 2020, pp. 101–31, doi:10.4000/edso.11832

Laprée, Raymond et Suzanne Blouin, 'La Psychagogie Comme Mode d'accompagnement', *Éducation(s) et Spiritualité(s).*, Éducation et socialisation, 56, 2020, pp. 301–31

Latil, Arnaud et Alexandra Bensamoun, *Propriété littéraire et artistique et humanités numériques*, Collection des Presses Universitaires de Sceaux (Mare & Martin, 2015)

Le Deuff, Olivier, *Le temps des humanités digitales: la mutation des sciences humaines et sociales* (Fyp éditions, 2014)

Le Moigne, Jean-Louis, *Exercices citoyens de veille épistémologique en bonne intelligence de la complexité* (L'Harmattan, 2014)

Leblanc, Richard et Jean-René Dubois, *Pour approfondir sa vie intérieure et changer le monde l'animation spirituelle et l'engagement communautaire : un service éducatif complémentaire : cadre ministériel* (Ministère de l'Éducation, Direction générale de la formation des jeunes, 2005), https://web.archive.org/web/20240110050914/http://www.apavecq.qc.ca/IMG/pdf/Cadre_ministeriel.pdf

Legrand, Georges, 'L'expérience religieuse » et la philosophie de William James', *Revue néo-scolastique de philosophie*, 20.77 (1913), pp. 69–87, doi:10.3406/phlou.1913.2048

Leloup, Jean-Yves, *L'évidence de l'invisible : anamnèse essentielle* (Arles : Actes Sud, 2018)

Lemos, Renata, Benjamin Franklin, Joao Alvez, and Vinicius Kem, 'Tecnontologia & Complexidade', *Ciências & Cognição*, 11 (2007), pp. 192–203

Lemos, Renata, and Vinícius Kern, 'Technontologies, Complexity, and Hybrid Interfaces', *tripleC: Communication, Capitalism & Critique.*

Open Access Journal for a Global Sustainable Information Society, 7.1 (2009), pp. 29–37, doi:10.31269/triplec.v7i1.74

Lenesley, Pauline, Ruth-Laure Alamarguy et Florent Pasquier, 'Dimension Spirituelle et Relation Patients - Professionnels de Santé. Expériences Croisées Professionnels et Personnes Âgées Fragilisées Par La Maladie d'Alzheimer', in *9eme Colloque Santé Marseille* (2021) <https://hal-normandie-univ.archives-ouvertes.fr/hal-03236024>

Lenoir, Yves, Bernard Rey et Ivani Fazenda, *Les Fondements de l'interdisciplinarité dans la formation à l'enseignement* (Éditions du CRP, 2001)

Leplat, Jacques, 'V. Travaux récents de « technologie humaine » (Human engineering)', *L'année psychologique*, 53.2 (1953), pp. 517–37, doi:10.3406/psy.1953.30122

Lerbet, Georges, *Système, personne et pédagogie : une nouvelle voie pour l'éducation* (ESF, 1993)

Leuner, Hanscarl, Günther Horn, and Edda Klessmann, *Katathymes Bilderleben mit Kindern und Jugendlichen*, Beiträge zur Kinderpsychotherapie, 25, 3., völlig neubearb. Aufl (Reinhardt, 1990)

Levinas, Emmanuel, 'L'ontologie Est-Elle Fondamentale ?', *Revue de Métaphysique et de Morale*, 56.1 (1951), pp. 88–98 <www.jstor.org/stable/40899550>

Liebes, Sidney, Elisabet Sahtouris, and Brian Swimme, *A Walk through Time: From Stardust to Us: The Evolution of Life on Earth* (Wiley, 1998)

Linton, Marisa, 'Robespierre et l'authenticité révolutionnaire', *Annales historiques de la Révolution française*, 371, 2013, pp. 153–73, doi:10.4000/ahrf.12700

Lommel, Pim van, *Consciousness beyond Life: The Science of the near-Death Experience* (New York: HarperOne, 2010) <https://www.overdrive.com/search?q=58570485-30D5-4C3D-947E-CA32174349DE>

Longhi, Julien, *Humanités numériques, corpus et sens* (Nancy : Presses universitaires de Nancy, 2017)

Ludwig, Arnold M., 'Altered States of Consciousness', *Archives of General Psychiatry*, 15.3 (1966), p. 225, doi:10.1001/archpsyc.1966.01730150001001

Lupasco, Stéphane, *Le Principe d'antagonisme et La Logique de l'énergie*, L'Esprit et La Matière (Le Rocher, 1951)

Lynch, Johanna, *Whole Person Approach to Wellbeing: Building Sense of Safety* (Routledge, 2022)

MacDonald, Douglas A., 'Identity and Spirituality: Conventional and Transpersonal Perspectives', *International Journal of Transpersonal Studies*, 28.1 (2009), pp. 86–106, doi:10.24972/ijes.2009.28.1.86

Magnin, Thierry, *Penser l'humain : Au Temps de l'homme Augmenté* (Paris : Albin Michel, 2017)

Mangano, Maria Flora, 'Relationship as a Space "in between". A Transcultural and Transdisciplinary Approach to Academic Teaching Mediated by Dialogue' (Università degli studi di Bergamo, 2018), doi:10.6092/978-88-97413-28-8

Maslow, Abraham H., *Toward a Psychology of Being*, 3rd ed (J. Wiley & Sons, 1999)

Masure, Anthony, *Design et humanités numériques*, Collection Esthétique des donnees, 01 (Editions B42, 2017)

Mathis, Maurice, *Le Peuple Des Abeilles* (Paris : Presses universitaires de France, 1947)

Maturana, Humberto R., and Francisco J. Varela, *Autopoiesis and Cognition: The Realization of the Living*, Boston Studies in the Philosophy of Science, v. 42 (D. Reidel Pub. Co, 1980)

McGregor, Sue L. T., 'The Nicolescuian and Zurich Approaches to Transdisciplinarity', *Integral Leadership Review*, 6/16 (2015)

———, 'Transdisciplinary Pedagogy and Learning', in *International Conversations of Teacher Educators: Teaching and Learning in a Global World*, by Mary Jane Harkins and Zhanna Barchuk, 2014, pp. 1–17

McKenna, Terence K., R. Gordon Wasson, and Thomas J. Riedlinger, *The Sacred Mushroom Seeker: Tributes to R. Gordon Wasson* (Park Street Press, 1997)

Mishra, Punya, Matthew J. Koehler, and Danah Henriksen, 'The Seven Trans-Disciplinary Habits of Mind: Extending the TPACK Framework Towards 21st Century Learning', *Educational Technology*, 51.2 (2011), pp. 22–28

Molendijk, Arie L., 'Les premiers congrès d'histoire des religions, ou comment faire de la religion un objet de science ?', *Revue germanique internationale*, 12, 2010, pp. 91–103, doi:10.4000/rgi.263

Moody, Raymond A, Jean Staune et Alessia Weil, *Donner du sens au non-sens : comment concevoir la vie après la vie* (Guy Trédaniel éditeur, 2016)

Morin, Edgar, *Éthique*, La Méthode, 6 (Seuil, 2004)

———, *Introduction à la pensée complexe*, Communication et complexité (ESF, 1992)

Morozov, Evgeny, *Le mirage numérique: pour une politique du Big Data* (Les Prairies Ordinaires, 2015)

Mounier, Pierre, *Les humanités numériques : une histoire critique* (Paris : Éditions Maison des sciences de l'homme, 2018)

Munteanu, Anca, Iuliana Costea et Adrian-Dan Jinaru, *Au-delà des apparences : études dans la perspective d'un nouveau paradigme de la connaissance* (Eurobit, 2009)

Naranjo, Claudio, *Voyage vers la guérison : narco-analyse et psychothérapie* (Le Jour, 1984)

Nicolescu, Basarab, 'De l'interdisciplinarité à La Transdisciplinarité : Fondation Méthodologique Du Dialogue Entre Les Sciences Humaines et Les Sciences Exactes', *Nouvelles Perspectives En Sciences Sociales*, 7.1 (2011), pp. 89–103, doi:10.7202/1007083ar

———, *From Modernity to Cosmodernity: Science, Culture, and Spirituality* (New York : State University of New York Press, 2014)

———, *La Transdisciplinarité : Manifeste*, Transdisciplinarité (Editions du Rocher, 1996)

———, 'Methodology of Transdisciplinarity –Levels of Reality, Logic of the Included Middle and Complexity', *Transdisciplinary Journal of Engineering & Science*, 1.1 (2010), pp. 19–38 <https://www.basarab-nicolescu.ciret-transdisciplinarity.org/Docs_Notice/TJESNo_1_12_2010.pdf>

———, *Nous, la particule et le monde* (Le Mail, 1985)

———, 'Sociologie et Mécanique Quantique', *3e Millénaire*, 1, 1982, pp. 68–77

———, 'Technological Singularity – The Dark Side', *Transdisciplinary Journal of Engineering & Science*, 7.1 (2016), doi:10.22545/2016/00076

Nifle, Roger, 'La trialectique sujet objet projet. Les structures de l'expérience et de l'existence humaine.', *Le Journal Permanent de l'Humanisme Méthodologique*, 1996, p. 10 <http://www.coherences.com/TEXTES/PDF/trial.pdf>

Nussbaum, Martha C, *Not for Profit: Why Democracy Needs the Humanities* (Princeton: Princeton University Press, 2016) <http://www.myilibrary.com?id=956347>

Onfray, Michel, *Traité d'athéologie : physique de la métaphysique*, Le livre de poche, 30637 (Libr. Générale Française, 2006)

Paccalet, Yves, *Sortie de Secours* (Arthaud, 2007)

Park, Ji-Yong, and Jeong-Bae Son, 'Transitioning toward Transdisciplinary Learning in a Multidisciplinary Environment', *International Journal of Pedagogies and Learning*, 6.1 (2010), pp. 82–93, doi :10.5172/ijpl.6.1.82

Pasquier, Florent, 'Dans Nos Sociétés de Rentabilité, Quelle Place Pour l'amour et l'amitié Transpersonnels ?', *Bulletin de l'Association Française Du Transpersonnel*, 122, 2016, pp. 20–25

———, 'La Transdisciplinarité, Combien de Divisions ?', *Harmattan*, Perspectives pour la transdisciplinarité, 2017, pp. 33–46 <http://liseuse.harmattan.fr/978-2-343-13349-2>

———, 'La voie transpersonnelle en éducation : de la 5è colonne au 6è sens', *Bulletin de l'Association Française Du Transpersonnel*, 118, 2015, pp. 16–24

———, 'Le Tiers-Caché : Pour Un Nouveau Paradigme En Sciences Humaines et Sociales', in *Le Tiers Caché Dans Les Différents Domaines de La Connaissance.* (L'Isle-sur-la-Sorgue : le Bois d'Orion, 2016), pp. 171–76 <https://halshs.archives-ouvertes.fr/hal-02146446v1>

———, *Un enseignant-chercheur en quête de sens et de liberté. Auto-regards sur son métier au mitan de la carrière et de la vie*, Histoire de vie et formation (L'Harmattan, 2023)

Pasquier, Florent (direction), Philippe Meirieu, Milad Doueihi, Georges-Louis Baron, Éric Bruillard, Laurent Petit, et al., 'Les Tice Bienveillantes', *Éditions Numériques Terra-HN* <http://www.reseau-terra.eu/article1385.html>

Pasquier, Florent, Bruno Mattéi, José Dhers, Antoine Valabrègue et Germain Buffeteau, *Réinvestir l'humain : individus, collectifs, sociétés.*

(Lyon : Chronique Sociale, 2017) <https://www.chroniquesociale.com/savoir-penser/803-reinvestir-l-humain.html>

Pasquier, Florent et Basarab Nicolescu, 'To Be or Not to Be Transdisciplinary, That Is the New Question. So, How to Be Transdisciplinary?', *Transdisciplinary Journal of Engineering & Science*, 10 (2019), doi:10.22545/2019/0110

Perkins, David N., 'L'individu-plus. Une vision distribuée de la pensée et de l'apprentissage', *Revue française de pédagogie, volume 111. Psychologie de l'éducation : Nouvelles approches américaines*, (Lyon : Ens 1995), doi:10.3406/rfp.1995.1232

Perrenoud, Philippe, *La Formation Des Enseignants, Entre Théorie et Pratique*, Collection Savoir et Formation (L'Harmattan, 1994)

Perret, Bernard, *Violence Des Dieux, Violences de l'homme : René Girard, Notre Contemporain*, La Couleur Des Idées (Éditions du Seuil, 2023)

Piaget, Jean, 'L'Épistémologie Des Relations Interdisciplinaires', in *L'interdisciplinarité : Problèmes d'enseignement et de Recherche Dans Les Universités.* (OCDE, 1972), pp. 154–71

Pichère, Pierre, *La Pyramide Des Besoins : Comprendre et Classifier Les Besoins Humains* (Bruxelles : Primento Digital, 2015)

Pischiutta, Stefano, *Crescere senza invecchiare : risveglio psicologico e risveglio spirituale* (Persiani, 2015)

Pissochet, François, '« Je Te Dirai Que c'était Un Merveilleux Malheur ! » Peut-on Penser Une Science de l'humain ?', *Interlettre Chemin Faisant Réseau Intelligence De La Complexité - Mcx-Apc*, 81, 2017, pp. 2–6 <http://www.intelligence-complexite.org/fileadmin/docs/il81.pdf>

Plater, Mark, 'Re-Souling Spirituality: Redefining the Spiritual Dimension in Schools', *International Journal of Children's Spirituality*, 22.1 (2017), pp. 14–23, doi:10.1080/1364436X.2016.1268097

Polizzi, Pascale et Marc Polizzi, *Le Transpersonnel* (Lulu Com, 2013).

Poswick, Réginald-Ferdinand, Farīd-Wağdi Tabari, Aviva Schussmann et André Chouraqui, *L'Univers de la Bible.* (Lidis, Brepols, 1985)

Pouget, Michel, *Taylor et le taylorisme* (Presses Universitaires de France, 1998)

Prairat, Eirick, *De la déontologie enseignante: valeurs et bonnes pratiques*, Quadrige (Paris : Presses Universitaires de France., 2014)

Proulx, Daniel, 'Les racines « imaginaires » de la transdisciplinarité', in *L'imaginaire durandien. Enracinements et envols en Terre d'Amérique* (Presses de l'Université Laval, 2016), pp. 169–81

Random, Michel, *La pensée transdisciplinaire et le réel : textes et entretiens, suivis d'un hommage à Stéphane Lupasco* (Ed. Dervy, 1997)

Régnier, J.-C., 'Méthode Naturelle et Tâtonnement Expérimental, Dans Actes Du Congrès Freinet 1996.', in *Actes Du Congrès Freinet 1996.*, Antibes., 1998, pp. 312–25 <https://hal.archives-ouvertes.fr/halshs-00402479/document>

Reich, Wilhelm et Pierre Kamnitzer, *La Superposition cosmique* (Payot & Rivages, 1999)

Resweber, Jean-Paul, *Le Pari de La Transdisciplinarité: Vers l'intégration Des Savoirs*, Collection L'ouverture Philosophique (L'Harmattan, 2000)

Ricoeur, Paul, *Soi-même comme un autre* (Éditions du Seuil, 1990)

Rodrigues, Vítor José F., *Tranquila-mente: como vencer o stresse e a ansiedade e viver uma vida mais calma e feliz*, 1.a edição (A Esfera dos Livros, 2013)

Röhr, Ferdinand, 'Espiritualidade e Formação Humana', *Poiésis*, Revista Do Programa De Pós-Graduação Em Educação – Mestrado, 2011, pp. 53–68 <http://www.portaldeperiodicos.unisul.br/index.php/Poiesis/article/view/748/700>

Rojas, Muriel (Coord.), 'Le Patrimoine Des transPERESonnels : Théories et Perspectives Apportées Par Les Travaux d'Assagioli, Jung, Maslow, Grof, Wilber et Descamps.' (CFPT - Collège Francophone de Psychothérapie Transpersonnelle -, 2018)

Ronce, Samuel, *Comprendre et développer un chatbot : messagerie instantanée, paiements en ligne, intelligence artificielle...* (Eyrolles, 2017)

Ruano, Javier Collado, 'Filosofía Cosmoderna: Reflexiones Transdisciplinares sobre Naturaleza, Ciencia y Religión', *Revista de Ciencias de las Religiones*, 23 (2018), pp. 57-80, doi:10.5209/ILUR.61021

Salem, Gérard, 'Transdisciplinarité et Intersubjectivité', *Gazette de La CIMI: Deuxième Parution (Automne 2008)*, 2008 <http://www.gerardsalem.com/cimi/webserv/webmod/getnewsletter-id=784.cfm.html>

Salvador, Xavier-Laurent, *Humanités numériques : vers l'institutionnalisation* (Paris : Éditions de la Maison des sciences de l'homme, 2019)

Saroglou, Vassilis, 'Spiritualité moderne. Un regard de psychologie de la religion', *Revue théologique de Louvain, 34ᵉ année, fasc. 4, 2003.*, 2003 <https://www.persee.fr/doc/thlou_0080-2654_2003_num_34_4_3325>

Schultes, Richard Evans, *Ethnobotany: Evolution of a Discipline*, 1st ed. (Chapman & Hall, 1995)

Scott, Daniel, 'The Role of Spirituality in Human Development and Identity: An Introduction', in *International Handbook of Education for Spirituality, Care and Wellbeing*, International Handbooks of Religion and Education (Springer Netherlands, 2009), III, 269–74, doi:10.1007/978-1-4020-9018-9

Shankland, Rébecca, *La psychologie positive*, Paris : Dunod, Paris : vols, 2019

Shepard, Martin, *Le père de la Gestalt : dans l'intimité de Fritz Perls* (Stanké, 1980)

Simo, Freddy Kamdem, and Dominique Lenne, 'On the Systems Engineering Process of Some Systems (of Systems)', in *2018 13th Annual Conference on System of Systems Engineering (SoSE)* (presented at the 2018 13th Annual Conference on System of Systems Engineering (SoSE), IEEE, 2018), pp. 425–30, doi:10.1109/SYSOSE.2018.8428708

Sloterdijk, Peter et Olivier Mannoni, *Tu dois changer ta vie : de l'anthropotechnique* (Paris : Pluriel, 2015)

Soulier, Eddie, *Quels agencements pour les humanités numériques?* (Cachan : Hermès, Lavoisier, 2014)

de Souza, Marian, Gloria Durka, Kathleen Engebretson, Robert Jackson, and Andrew McGrady, eds., *International Handbook of the Religious, Moral and Spiritual Dimensions in Education*, International Handbooks of Religion and Education (Springer Netherlands, 2006), I, doi:10.1007/1-4020-5246-4

de Souza, Marian, Leslie J. Francis, James O'Higgins-Norman, and Daniel Scott, eds., *International Handbook of Education for Spirituality, Care and Wellbeing*, International Handbooks of Religion and Education (Springer Netherlands, 2009), III, doi:10.1007/978-1-4020-9018-9

Stacke, Edouard, *La liberté de s'accomplir*, 2010

———, 'L'histoire et Le Devenir Du Développement Personnel, Les Apports de La Psychologie Humaniste et Transpersonnelle, Les Perspectives.', in *Le Livre Blanc Du Développement Personnel* (Le souffle d'or, 2018), pp. 9–28

Stahl, Cynthia, Alan Cimorelli, Christine Mazzarella, and Bill Jenkins, 'Toward Sustainability: A Case Study Demonstrating Transdisciplinary Learning through the Selection and Use of Indicators in a Decision-Making Process', *Integrated Environmental Assessment and Management*, 7.3 (2011), pp. 483–98, doi:10.1002/ieam.181

St-Arnaud, Yves, *La Personne Qui s'actualise : Traité de Psychologie Humaniste* (G. Morin, 1982)

Supiot, Alain et Pierre Musso, *Qu'est-ce qu'un régime de travail réellement humain ?*, ed. by Centre culturel international, Institut d'études avancées de Nantes, and Bureau international du travail (Hermann, 2018)

Sutich, Anthony, 'The Growth-Experience and the Growth-Centered Attitude', *The Journal of Psychology*, 28.2 (1949), pp. 293–301, doi:10.1080/00223980.1949.9916011

Tart, Charles, Virginie Gomez et Stéphane Allix, *Le spirituel est-il réel ? Le psychologue, la science et l'extraordinaire* (Interéditions, 2010)

Teilhard de Chardin, Pierre, *Hymne de l'Univers : la Messe sur le monde ; trois histoires comme Benson ; la puissance spirituelle de la matière* (Editions du Seuil, 1919)

———, *Le phénomène humain* (Editions du seuil, 1955)

Theviot, Anaïs, *Gouverner par les données ? Pour une sociologie politique du numérique*, Gouvernement en question(s) (ENS éditions, 2023)

Valluy, Jérôme, *Humanité et numérique(s) – De l'histoire de l'informatique en expansion sociétale… au capitalisme de surveillance et d'influence (1890-2024)*, Collection HNP, Terra-Hn-éditions, 2024, 421 p. http://www.reseauterra.eu/article1347.html

Verger, Jacques, *Culture, enseignement et société en Occident aux XIIe et XIIIe siècles*, Histoire (Presses Universitaires de Rennes, 1999)

Verlaet, Lise, *Enjeux et apports des recherches en humanités numériques*, 2017

Vernette, Jean, *Le New Age*, Que sais-je ?, 2674, Deuxième édition corrigée (Presses universitaires de France, 1993)

Vidal, Bertrand, *Survivalisme : êtes-vous prêts pour la fin du monde ?* (Ed. Arkhê, 2018)

Vigne, Jacques, *Eléments de Psychologie Spirituelle*, Spiritualités Vivantes (A. Michel, 1993)

———, *Pratique de la méditation laïque* (le Relié, 2017)

Vinck, Dominique, *Humanités numériques : la culture face aux nouvelles technologies*, Idées reçues (Le Cavalier bleu éditions, 2016)

Vinson, Éric, and Sophie Viguier-Vinson, *Jaurès Le Prophète: Mystique et Politique d'un Combattant Républicain* (Albin Michel, 2014)

Voynnet-Fourboul, Catherine, *Diriger avec son âme : leadership et spiritualité*, Questions de société (Éd. EMS (Management & Société), 2014)

Wall, Sarah, and Irene Shankar, 'Adventures in Transdisciplinary Learning', *Studies in Higher Education*, 33.5 (2008), pp. 551–65, doi:10.1080/03075070802373008

Wallace, B. Alan, *La force de l'attention* (le Relié, 2023)

Wane, Njoki N., Energy L. Manyimo, and Eric J. Ritskes, eds., *Spirituality, Education & Society* (Rotterdam : SensePublishers, 2011), doi:10.1007/978-94-6091-603-8

Watson, Jacqueline, 'Every Child Still Matters: Interdisciplinary Approaches to the Spirituality of the Child', *International Journal of Children's Spirituality*, 22.1 (2017), pp. 4–13, doi:10.1080/1364436X.2016.1234434

Weil, Pierre, *L'art de vivre la vie* (Éditions du Rocher, 2003)

———, *Un regard sur l'infini*, trans. by Florence de Peretti (Les Éd. des 3 monts, 2007)

Welter, Richard, *Transdisciplinarité : un chemin vers la paix. Actes du troisième congrès Science & conscience, Strasbourg, 16 au 18 mai 2003*, Rencontres internationales Science&conscience (Éds. Fbv, Cnrs, 2005)

Wilber, Ken, *Une théorie de tout : une vision intégrale pour les affaires, la politique, la science et la spiritualité* (Paris : Almora, 2014)

Winkelman, Michael, *Shamanism: The Neural Ecology of Consciousness and Healing* (Bergin & Garvey, 2000)

Zicola, Michaël, 'Handicap et Transdisciplinarité. Une Recherche "Tout Azimut"', *Le Portique*, 5 (2007) <https://journals.openedition.org/leportique/1384>

Zinnbauer, Brian J., Kenneth I. Pargament, Brenda Cole, Mark S. Rye, Eric M. Butter, Timothy G. Belavich, and others, 'Religion and Spirituality: Unfuzzying the Fuzzy', *Journal for the Scientific Study of Religion*, 36.4 (1997), p. 549, doi:10.2307/1387689

Zizek, Slavoj, 'I or He or It (The Thing) Which Thinks', *Graduate Faculty Philosophy Journal*, 16.2 (1993), pp. 303–27, doi:10.5840/gfpj199316219

Zulian, Gilbert B., 'De la transdisciplinarité : (terme peut-être inventé par un habitant du plateau de Pinchat, Monsieur Jean Piaget, vers 1970)', *Revue internationale de soins palliatifs*, 22.1 (2007), p. 1, doi:10.3917/inka.071.0001

Sitographie thématique

Conscience

- https://lejournal.cnrs.fr/articles/aux-sources-de-la-conscience
- http://michel.bitbol.pagesperso-orange.fr/page.garde.liste.html

Enfance

- https://www.unicef.fr/sites/default/files/convention-des-droits-de-lenfant.pdf

Éducation, éducation et numérique

- Unesco : https://fr.unesco.org
- « L'éducation : un trésor est caché dedans », rapport à l'Unesco de la Commission internationale sur l'éducation pour le vingt et unième siècle, Delors et al. (1996) : http://unesdoc.unesco.org/images/0011/001159/115930f.pdf
- « Les sept savoirs nécessaires à l'éducation du futur », Edgar Morin :
- http://unesdoc.unesco.org/images/0011/001177/117740Fo.pdf
- Apprendre autrement (approches innovantes de la formation dans les organisations) :
- http://4cristol.over-blog.com
- Thot Cursus (formation et culture numérique) : https://cursus.edu

Pédagogie

- Site de René Barbier : www.journaldeschercheurs.fr
- Site de Philippe Meirieu : www.meirieu.com
- https://www.lemonde.fr/m-perso/article/2015/03/16/la-meditation-comme-outil-pedagogique_4592039_4497916.html

Religions

- Données sociologiques et juridiques sur la religion en Europe et dans le monde : www.eurel.info

Spiritualité

- Guide d'animation du Service d'animation spirituelle et d'engagement communautaire : https://web.archive.org/web/20240129071445/https://www.education.gouv.qc.ca/fileadmin/site_web/documents/dpse/adaptation_serv_compl/SASEC_GuideAnim.pdf

Transdisciplinarité

- http://ciret-transdisciplinarity.org
- https://ciret.hypotheses.org

Transhumanisme et intelligence artificielle

- https://iatranshumanisme.com

Transpersonnel

- https://eurotas.world
- https://etpa.eu.com